DIE ZIELE

der

LEUCHTTECHNIK.

Von

Professor Dr. Otto Lummer,

Dozent an der Universität Berlin,
Mitglied der Physikalisch-Technischen Reichsanstalt.

München und **Berlin.**

Druck und Verlag von R. Oldenbourg.

1903.

VORWORT.

Dem Ersuchen der Verlagsbuchhandlung, den vorliegenden, im Elektrotechnischen Verein zu Berlin gehaltenen Vortrag in Buchform erscheinen zu lassen, habe ich um so lieber entsprochen, als ein dahingehender Wunsch mir von den verschiedensten Seiten geäufsert worden ist und die starke Nachfrage nach einem Abdruck diesen Wunsch unterstützte. Wohl bin ich mir bewufst, dafs vor dem Hinaustreten an die gröfsere Öffentlichkeit eine gründliche Bearbeitung am Platze gewesen wäre, um auch den erweiterten Ansprüchen zu genügen. Wenn trotzdem der Abdruck ganz ungeändert in die Welt geht, so ist aufser der Kürze der Zeit und der Billigkeit auch der Wunsch mafsgebend gewesen, vom lebendigen Stil und der Frische des Vortrags nicht noch mehr abzuweichen, als es schon durch die Erweiterung bei der Drucklegung und beim erneuten Abdruck im Journal für Gasbeleuchtung und Wasserversorgung geschehen ist.

Die im ursprünglichen Text befindlichen Bemerkungen ›Experiment‹ und ›Projektion‹ sind beibehalten worden, damit man auch beim Lesen erfährt, welche Experimente in dem zweistündigen Vortrag tatsächlich demonstriert und welche Tabellen bezw. Kurven projiziert werden konnten.

Möchte das Büchelchen mit dazu beitragen, das im Schwinden begriffene Interesse an den Arbeiten der idealen und uneigennützigen Forschung zu erhöhen, zumal in jenen Kreisen der Technik, welche die Beantwortung rein akademischer Fragen fast als Sport veralteter Idealisten betrachten und nur die technischen Künste als die Förderer menschlicher Kultur anerkannt wissen wollen.

Dafs die in vorliegender Broschüre niedergelegten Untersuchungen und Resultate eine gewisse Bedeutung für die Bestrebungen auf dem Gebiete der Beleuchtungstechnik für die gesamte pyrometrische Technik und wichtige Fragen der Heiztechnik besitzen, dieser anerkannten Tatsache verdankt der Vortrag allein seine Drucklegung.

Ebenso sicher aber ist es, dafs die Untersuchungen über die ›schwarze‹ Strahlung und die experimentelle Auffindung ihrer Gesetzmäfsigkeiten aus rein wissenschaftlichem Interesse unternommen worden sind, um vor allem die Konstante des Kirchhoffschen Gesetzes von der Absorption und Emission des Lichtes quantitativ kennen zu lernen, die Erscheinungen der Lumineszenz von der reinen Temperaturstrahlung zu trennen und um die Grundlage der Maxwellschen elektromagnetischen Lichttheorie (Hypothese vom Ätherdruck) zu prüfen.

Manchen rein akademischen Fragen konnte durch die erzielten Resultate eine unverhoffte Antwort erteilt werden. So ist nicht nur die exakte Temperaturbestimmung der Sonne und selbst der Fixsterne auf Grund dieser Untersuchungen ermöglicht worden, sondern der Beweis für die Existenz des Strahlungsdruckes hat in die Betrachtungen der Naturvorgänge ein ganz neues Moment gebracht, welches geeignet erscheint, Anomalien zu erklären, die wie die Bildung der Kometenschweife und der Sternschnuppenschwärme bisher noch zu den rätselhaften Fragezeichen des Himmels gehören.

Möchte aber vor allem der Leser die Überzeugung gewinnen, daß mit der exakten und idealen Forschung, welche unbekümmert um den direkten praktischen Nutzen auch den unscheinbarsten Problemen die Antwort sucht, zugleich die Quelle versiegt, deren auch heute noch die so mächtig erblühte Technik bedarf. »Die naturwissenschaftliche Forschung bildet immer den sicheren Boden des technischen Fortschritts, und die Industrie eines Landes wird niemals eine internationale leitende Stellung erwerben und sich erhalten können, wenn dasselbe nicht gleichzeitig an der Spitze des naturwissenschaftlichen Fortschritts steht« sagt Werner v. Siemens in seinem Votum, betreffend die Gründung der Physikalisch-Technischen Reichsanstalt.

Möchten in diesem Sinne die hier entwickelten Ziele ein neuer Ansporn sein zur rationelleren Lichtentwicklung.

Berlin, den 17. Juli 1903.

Druckfehlerberichtigung:

Zu Seite 10: Lies $\left(\dfrac{RF}{LF}\right)^2$ anstatt $\dfrac{RF^2}{LF^2}$.

Zu Seite 25: Lies abschließt statt abschloß.

Zu Seite 89: Die Formel 5 nach Planck muß heißen:

$$S = \frac{c\,\lambda^{-5}}{e^{\frac{c}{\lambda T}} - 1};$$

Zu Seite 109: Lies 0,0065 Pf. anstatt 0,65 Pf.

Inhaltsverzeichnis.

Die Ziele der Leuchttechnik.[1])

I. Teil.

Lichtmessung.

1. Historische Einleitung. Sinkt der rotleuchtende Ball
der scheidenden Sonne unter den Horizont, dann treten die
Sonnen der übrigen Planetensysteme in ihr Recht, die »Sterne«
senden ihr fahles Licht zur dunklen Erde nieder, und ihre
Strahlen erzählen uns, müde und schwach, von dem schier
endlosen Marsche, was sich dort draufsen vor vielen Jahren
zugetragen hat. Das Sternenlicht ist daher für uns von wenig
Bedeutung, und finster sind unsere Nächte, wenn nicht der
Mond einige Strahlen der untergegangenen Sonne gnädig zur
Erde herniedersendet.

Begreiflich daher ist des Menschen Verlangen, auf künstliche Weise, durch eigene Kraft, den Tag zu verlängern und
die Nacht zu erhellen. Wie herrlich ihm das gelungen, davon
können wir Grofsstädter uns allabendlich überzeugen.

Freilich bedurfte es vieler Jahrtausende, ehe der Mensch
sich mit so blendender, künstlicher Lichtflut umgeben konnte!
Aber schon im grauen Altertum wurde, wie man berichtet,
bei den in Asien und Afrika lebenden Völkern, den Persern,
Medern, Assyriern, und Ägyptern ein übertriebener Luxus bei

---

[1]) Experimentalvortrag, gehalten am 19. März 1902 am Ge-
sellschaftsabend des Elektrotechnischen Vereins zu Berlin. In vom
Verfasser zum Teil wesentlich veränderter und ergänzter Form
wiedergegeben nach Elektrotechn. Zeitschrift, Band XXIII, 1902,
Heft 35 u. 36. (Alle in den späteren Fufsnoten unter »Ds. Journ.«
gemachten Hinweise beziehen sich auf das »Journal für Gasbeleuchtung und Wasserversorgung«.)

Beleuchtung der Tempel, Paläste, Strafsen und Plätze getrieben. In Memphis, Theben, Babylon, Susa und Ninive sollen die Einwohner kaum einen Unterschied zwischen Tag und Nacht gemacht haben. Längs der Strafsen standen in kurzer Ent- fernung voneinander Vasen aus Bronze oder Stein, gefüllt mit flüssigem Fett im Gewicht von mehr als 100 Pfund, welches mittels eines 3 Zoll dicken Dochtes verbrannte.

Wenn jene längst begrabene Zivilisation des fernen Ostens schon einen solchen Lichterglanz entfaltete, wie weit mag da erst jene Zeit zurückliegen, wo zum ersten Male der Mensch den »göttlichen« Funken zu zünden verstand! So kostbar die Zeit uns modernen Kulturmenschen auch erscheinen mag, beim physikalischen Deuten der Entstehung irdischer Dinge verfügen wir frei über die Zeit. Aus diesem Grunde soll es uns auch gleichgültig sein, wann zum ersten Male auf Erden ein leuchtender Funke von Menschenhand erzeugt wurde. Viel eher schon könnte es uns interessieren, die Art und Weise zu kennen, auf welche der Mensch sich in Besitz des Feuers setzte. Ist das Feuer in Gestalt eines Meteors vom Himmel gefallen, hat man es an der glühenden Lava zuerst kennen gelernt oder verdanken wir es der harten Arbeit des Menschen im Kampfe ums Dasein mit der Natur? Die natür- lichste und wahrscheinlichste Lesart ist die, dafs der Mensch die willkürliche Erzeugung des Funkens bei der Herstellung und Bearbeitung der ersten Steinwaffen gewonnen hat und dafs das Feuer jedenfalls an den verschiedensten Stellen der Erde unabhängig voneinander entdeckt wurde.

Die Bedeutung jener ersten Bekanntschaft des Menschen mit dem Feuer für die Entwickelung zu höherer Kultur können wir nicht hoch genug anschlagen. Sie spiegelt sich wieder in den Sagen und Liedern aller Völker. Erhebt die griechi- sche Sage den Feuerbringer zum Lichtspender im geistigen Sinne, so war bei den Römern Vesta die Göttin des Herd- und Opferfeuers, und zu Ehren der Geburt des Lichtes wurde das ewige Feuer von den zur Keuschheit verpflichteten vesta- lischen Jungfrauen gehütet.

Vom Herd- und Opferfeuer bis zum elektrischen und Gas-Glühlicht ist ein grofser Sprung. Eine lange Zeit hin-

durch mufste das Herdfeuer zugleich auch als Lichtquelle
dienen, wie es ja noch heutigen Tages in mancher deutschen
Spinnstube sich erhalten hat und bei den Eskimos kein anderes
Licht bekannt ist. Erst der flackernde Kienholzspan, die Harz-
und Pechfackel, die mit Wachs überzogenen Binsen deuten
auf die nahende wichtige Trennung des Lichtes vom
Feuer, welche mit der Antiklampe der Alten und der Kerze
des Mittelalters als nahe vollzogen zu betrachten ist. Immer
mehr strebt nun die Beleuchtungstechnik dahin, Licht und
Heizung zu trennen, wenn man auch noch weit entfernt ist,
wenigstens für den häuslichen Gebrauch, Licht ohne Wärme-
wirkung zu erzeugen.

Verdankt die Kerze ihre Salonfähigkeit dem Aufblühen
der chemischen Technik dieses Jahrhunderts, indem letztere
es verstand, aus geringwertigen Rohstoffen vorzüglich brennende feste Fettstoffe herzustellen, sowie neue Substanzen,
Walrat, Stearinsäure, Paraffin etc. zu gewinnen, so blieb
auch die Öllampe der Alten auf ihrem niedrigen Niveau
nicht stehen. Hier war die Einführung des Hohldochtes
durch den Grafen Argand 1786 und des Cylinders durch
den Apotheker Quinquet in Paris 1765 von weittragender
Bedeutung, wenn auch erst der Ersatz des Rüböls, Baumöls etc.
durch das Petroleum die Lampe zu der heutigen Leistung
emporheben konnte.

Den Übergang zum Leuchtgase markieren die Gaslampen,
bei denen leichtflüchtige Produkte der trockenen Destillation
des Teers, wie z. B. Ligroin, Benzin, Petroleumäther etc. erst
in Dampf verwandelt werden und das so entstehende Gas
entzündet wird. Wasserstoff durch Petroleum geleitet, gibt
ein vortrefflich leuchtendes Gasgemenge.

Unser gewöhnliches Leuchtgas, welches in England schon
1792, in Deutschland erst 1826 eingeführt wurde, bildet sich,
wenn man Steinkohle in Retorten unter Luftabschlufs einer
hohen Glut aussetzt. Die entweichenden Gase werden nach
gründlicher Reinigung, Waschung etc. in grofsen Behältern
(Gasometern) aufgefangen und unter Druck gehalten, von wo
aus sie in eisernen Röhren den Konsumenten zugeführt werden.
Das Leuchtgas oder das »philosophische Licht«, wie es einer

seiner ersten Darsteller namens Becher, in seiner über-
schwänglichen Freude nannte, ist also Steinkohlengas; was
von der Steinkohle zurückbleibt, ist Koks.

Das anfangs als Wunderding angestaunte Gaslicht erschien berufen, den Talg- und Öllichtern gründlich das Lebens-
licht auszublasen. Dem war aber nicht so, vielmehr bildete
das Gaslicht einen Ansporn, die vorhandenen Lichtquellen zu
verbessern und konkurrenzfähig zu gestalten. Und so war
auch das Auftauchen des elektrischen Lichtes nicht der Tod
des Gaslichtes, sondern die Ursache zu neuem, schönerem
Leben desselben in Gestalt des Auerschen Gasglühlichtes.

Mit dem Acetylengaslicht aber ist dem elektrischen Licht
ein Konkurrent erstanden, welcher an Glanz und weißer
Helligkeit des Lichtes das elektrische Licht, wenigstens das
elektrische Glühlicht, bei weitem übertrifft.

Diesen Errungenschaften auf dem Gebiete des Gaslichtes
folgten neuerdings wieder Schlag auf Schlag bedeutsame
Fortschritte auf elektrotechnischer Seite: Das Nernstlicht, das
Osmiumlicht und eine neue Art von »farbigen« Bogenlampen,
zu denen z. B. die Siemensschen Effektlampen gehören, u. s. w.
Aber wieviel Arten von Lichtern auch noch kommen mögen,
sie alle werden friedlich nebeneinander bestehen und sich
gegenseitig nur zu immer höherer Leistungsfähigkeit anspornen.

Es hat eben jede Beleuchtungsart ihre individuellen Eigenschaften und besonderen Vorzüge, die ihre Existenz und
Wertschätzung rechtfertigen. Aus diesem Grunde ist es auch
nicht leicht, den Wert der einzelnen Leuchtarten gegenein-
ander abzuwägen, es sei denn, daß man den jetzt leider üb-
lichen einseitigen Weg einschlägt und den Wert einer Lichtquelle nach dem Preis pro Kerze Leuchtkraft taxiert, d. h.
die Photometrie als obersten Richter setzt.

2. Das Fettfleck-Photometer von R. Bunsen.[1] Um festzustellen, wieviel Mal mehr Licht die eine Lichtquelle aussendet als eine andere, bedient man sich des Photometers.

---

[1] Vgl. Fr. Rüdorff. »Über das Bunsensche Photometer.« Pogg.
Ann., Jubelband, 1874, S. 234 bis 241.

Das gebräuchlichste lichtmessende Instrument bildete bis in die neueste Zeit das sogenannte Fettfleck-Photometer von Robert Bunsen. Dieses Bunsensche Photometer besteht im wesentlichen aus einem ganz »gewöhnlichen« Fettfleck! Wir nehmen ein Stück weißes Schreibpapier, machen darauf einen Fettfleck mit möglichst scharfen Rändern und das Bunsensche Fettfleck-Photometer ist fertig. Der photometrische Wert des Fettfleckes beruht auf seiner Eigenschaft, bedeutend mehr Licht hindurchzulassen als das nichtgefettete Papier. Um das Meßprinzip klar zu machen, diene folgende kleine Skizze (Fig. 1, Projektion). In

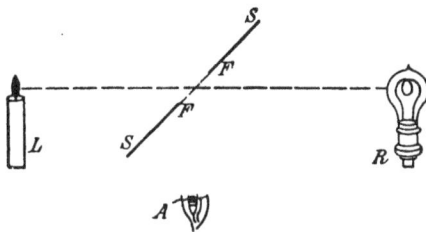

Fig. 1.

ihr bedeutet SS das Papierblatt mit dem Fettfleck FF, auf welchen von rechts die Glühlampe R, von links die Kerze L scheinen möge. Leuchtet R allein, so erscheint dem Auge bei A der Fettfleck FF **dunkel auf hellem** Grunde, leuchtet L allein, so erscheint der Fettfleck dagegen **hell auf dunklem** Grunde. Leuchten beide Lichtquellen gleichzeitig, so tritt der Fettfleck dunkel oder hell heraus, je nachdem R mehr oder weniger Licht zum Photometerschirm S sendet als L.

Die daselbst erzeugte »indizierte« Helligkeit hängt nun ab erstens von der Leuchtkraft oder Lichtstärke der Lichtquelle und zweitens von der Entfernung der Lichtquelle vom Photometerschirm S. Durch Regulierung der Entfernungen RF und LF kann ich also ebenso den Fettfleck zum Verschwinden bringen wie durch Änderung der Leuchtkraft einer

der Lichtquellen. Ist dies geschehen, so gibt mir das Ver-
hältnis $\dfrac{R\,F'^2}{L\,F^2}$ direkt das gesuchte Verhältnis der Leuchtkräfte
von L zu R.

3. Das Photometer von O. Lummer und E. Brodhun.[1]) Der
reale Fettfleck hat neuerdings einer dauerhafteren, rein
optischen, Vorrichtung weichen
müssen, welche gleichsam den
»idealen« Fettfleck verwirklicht.
Diese Vorrichtung besteht im
wesentlichen aus zwei rechtwinke-
ligen Glasprismen A und B (Fig. 2):
die kugelförmige Oberfläche des Prismas A ist bei no eben angeschliffen
und gegen die ebene Hypotenusen-
fläche mp des Prismas B fest an-
geprefst. Ist die Berührung innig
genug, dann verhält sich der Glas-
würfel AB so, als ob die beiden
Prismen bei no eine einzige zu-
sammenhängende Glasmasse bildeten, durch welche die Lichtstrahlen
ungehindert hindurchgehen, während die bei op und mn auffallenden Strahlen total reflektiert
werden.

Die Fläche $mnop$ ist somit

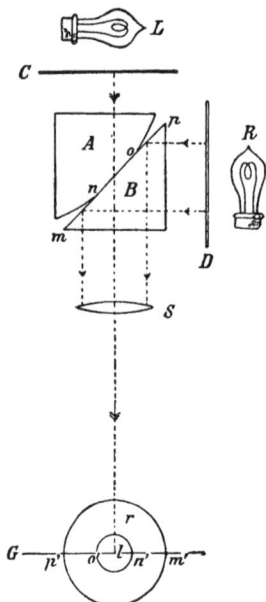

Fig. 2.

dem Bunsenschen Fettfleckpapier
vergleichbar, wobei die Felder mn und op die nichtgefetteten Papierflächen und das mittlere Feld no den »Fettfleck« darstellen. Dieser Photometerschirm verwirklicht inso-

[1]) O. Lummer und E. Brodhun. ›Ersatz des Photometerfett-
flecks durch eine rein optische Vorrichtung.‹ ›Ztschr. f. Instrumentenkunde‹ Bd. 9, S. 23 bis 25, 1889. — ›Über ein neues Photometer.‹
›Ztschr. f. Instrumentenkunde‹ Bd. 9, S. 41 bis 50, 1889. Ds. Journ.
1889. — O. Lummer. ›Über den Zweck der Photometer.‹ ›Der Mecha-
niker‹ 1894, S. 423 bis 425.

fern den »idealen« Fettfleck, als bei ihm im Gegensatz zum »realen« die »gefettete Stelle« (*no*) a l l e s auffallende Licht hindurchläfst und nichts reflektiert, während die »nichtgefetteten« Stellen *mn* und *op* umgekehrt alles Licht t o t a l reflektieren und n i c h t s hindurchlassen.

Wie in unseren photometrischen Abhandlungen aus· führlich dargethan ist, wird allein durch diese Eigenschaft die Empfindlichkeit der Einstellung verdreifacht. Dazu kommen noch andere Vorteile, teils physiologischer, teils praktischer Natur, welche zur Überlegenheit des »idealen« über den »realen« Fettfleck beitragen.

Um die Wirkungsweise dieses Photometers zu demon- strieren, kann man sich der aus Fig. 2 ersichtlichen Versuchs- anordnung (Experiment) bedienen. Darin stellt *C* eine Matt- scheibe vor, welche durch die Glühlampe *L* erleuchtet wird, und *D* eine ebensolche durch die Glühlampe *R* beleuchtete Mattscheibe. Es erhält demnach der »Fettfleck« *no* sein Licht von *CL*, während die Felder *mn* und *op* von *DR* ihr Licht empfangen. Mittels des Objektivs *O* wird auf dem Schirm bei *G* ein vergröfsertes Bild *m′n′o′p′* der Fläche *mnop* entworfen, welches sich aus dem mittleren durch *CL* be- leuchteten Fleck *l* und dem äufseren, durch *DR* erleuchteten Feld *r* zusammensetzt. Lasse ich nur die Lampe *L* brennen, so ist auch nur das zugehörige Feld *l* hell, das von *RD* er- leuchtete Feld *r* aber dunkel. Umgekehrt ist dieses hell und das innere Feld *l* dunkel, falls ich *L* ausdrehe und nur *R* brennen lasse. Erst wenn beide Lampen brennen, ist sowohl *r* als auch *l* erleuchtet, und durch Regulierung der Entfer- nungen einer der beiden Lampen kann man bewirken, dafs das innere Feld oder der »ideale« Fettfleck bald hell auf dunklem, bald dunkel auf hellem Grunde erscheint, ganz analog dem »realen« Fettfleck beim B u n s e n schen Photo- meter.

In dieser Form kann man das Instrument als »Gleich- heitsphotometer« bezeichnen, da man bei ihm auf das V e r- s c h w i n d e n eines Feldes (*r*) in einem anderen (*l*), also auf g l e i c h e Helligkeit zweier benachbarter Felder einstellt.

Aufser diesem Gleichheitsphotometer haben wir noch ein zweites konstruiert[1]), bei welchem man nicht auf das Verschwinden eines Feldes einstellt, sondern das gleichdeutliche Hervortreten zweier Felder L und R (Fig. 3) auf

Fig. 3.

einem gleichmäfsig erleuchteten Hintergrunde rl beurteilt. Das auf diesem Kontrastprinzip beruhende »Kontrastphotometer« arbeitet doppelt so genau als das Gleichheitsphotometer, und der mittlere Fehler einer Einstellung beträgt nur $1/4\%$. Infolge der scharfen Ränder der Photometerfelder ermüdet das Arbeiten mit diesem Photometer bedeutend weniger als das Einstellen beim Bunsenschen. Freilich ist auch der Preis ein ungleich gröfserer; wenn man aber die Vorteile bedenkt, so sollte der erhöhte Preis bei Anschaffung desselben nicht ins Gewicht fallen.

4. **Lichteinheit** (Hefnerlampe).[2]) Da man die Lichtstärke nicht absolut messen kann, so vergleicht man die

[1]) O. Lummer u. E. Brodhun. »Lichtmessung durch Schätzung gleicher Helligkeitsunterschiede (Kontrastphotometer).« »Ztschr. f. Instrumentenkunde« Bd. 9, S. 461 bis 465, 1889. Ds. Journ. 1890, S. 657.

[2]) v. Hefner-Alteneck. »ETZ« 1884, S. 21. — O. Lummer und E. Brodhun. »Photometrische Untersuchungen: III. Vergleichung der deutschen Vereinskerze und der Hefnerlampe mittels elektrischer

Helligkeit der verschiedenen Lichtquellen miteinander und bezieht sie auf diejenige einer willkürlich gewählten »Lichteinheit«. Die in Deutschland eingeführte Lichteinheit für technische Zwecke ist die 40 mm hohe Flamme der in Fig. 4 abgebildeten Hefnerlampe, durch deren Konstruktion und Einführung sich Herr von Hefner-Alteneck ein grofses Verdienst um die Lichtmessung erworben hat. Das von diesem bescheidenen Flämmchen in horizontaler Richtung ausgesandte Licht ist das deutsche »Normallicht« und hat die Lichtstärke einer »Hefnerkerze« (HK).

Fig. 4.

Bei den photometrischen Messungen vergleicht man also die Lichtstärke der zu untersuchenden Lichtquelle mit derjenigen der Hefnerlampe und sagt z. B., das Bogenlicht hat eine Lichtstärke von soundsoviel Hefnerkerzen. Es sei erwähnt, dafs solche Lichtmessungen in der Physikalisch-Technischen Reichsanstalt, Abteilung II, ausgeführt und amtlich bescheinigt werden.

5. **Photometrisch-ökonomische Reihenfolge der gebräuchlichen Lichtquellen.** Kennt man aufser der Lichtstärke einer Flamme auch noch den Preis pro Stunde Brenndauer, so hat man ein Mafs für die Ökonomie der betreffenden Flamme.

In der folgenden Tabelle I finden Sie einige Angaben über den Preis, den die Leuchtkraft pro Hefnerkerze und

Glühlichter.« ›Ztschr. für Instrumentenkunde‹ Bd. 10, S. 119 bis 133, 1890. Ds. Journ. 1890. — ›Die Beglaubigung der Hefnerlampe durch die Physikalisch-Technische Reichsanstalt‹. Ds. Journ. Bd. 34, S. 489 bis 492, 509 bis 512, 1891. — ›Bekanntmachung über die Prüfung und Beglaubigung der Hefnerlampe.‹ ›Centralbl. für das Deutsche Reich‹ Bd. 21, S. 124 bis 125. 1893. Ds. Journ. Bd. 36, S. 341 bis 346, 1893. ›Ztschr. f. Instrumentenkunde‹ Bd. 13, S. 257 bis 267, 1893. — Siemens & Halske A.-G. ›Die Hefnerlampe.‹ Februar 1898. Druckschrift 48.

Stunde für die heute gebräuchlichen Lichtquellen kostet unter den aus der Tabelle I ersichtlichen Annahmen.[1])

Tabelle I.

	Lichtart	Material-preis M.	Pro 1 HK und Stunde	
			Verbrauch	Preis Pf.
1	Gasglühlicht	1000 l = 0,13	1,7 l	0,022
2	Bremerlicht . . . {	1000 Wst. 0,50	0,4 Wst.	0,02
			0,6 »	0,03
3	Petroleumglühlicht .	1000 g = 0,23	1,3 g	0,03
4	Bogenl. ohne Glocke	1000 Wst. 0,50	1,0 Wst.	0,05
5	Acetylenglühlicht . .	1000 l = 1,50	0,4 l	0,06
6	Petroleum	1000 g = 0,23	3,0 g	0,07
7	Bogenlicht mit Glocke	1000 Wst. 0,50	1,4 Wst.	0,07
8	Spiritusglühlicht . .	1000 g = 0,35	2,5 g	0,09
9	Nernstlampe	1000 Wst. 0,50	2,0 Wst.	0,10
10	Glühlampe gew. . .	do.	2,8-4,0 Wst.	0,14-0,20
11	Acetylenlicht . . .	1000 l = 1,50	1,0 l	0,15
12	Gaslicht (Rundbrenn.)	1000 l = 0,13	10,0 l	0,13
13	» (Schnittbrenner)	do.	17,0 l	0,21

Diese Tabelle I enthält die verschiedenen Lichtquellen nach ihrer Billigkeit geordnet, wenn man den darin ange-führten Materialpreis zu Grunde legt, wie er in Berlin üblich ist. Die letzte Vertikalreihe enthält den Preis für die räum-liche Lichtstärke einer Hefnerkerze und den entsprechenden Konsum an Brennmaterial.

Beim Bremerlicht entsprechen die beiden Zahlen der be-treffenden Bogenlampe ohne und mit Glocke: ähnlich werden sich wohl auch die neuen Effektbogenlampen von Siemens & Halske A.-G. verhalten. Wegen der Kürze der Zeit will ich nicht näher auf die Einzelheiten dieser Tabelle eingehen; nur möchte ich betonen, daſs diese photometrisch-ökonomische Reihenfolge sehr viel Willkürliches an sich hat. So stellt

---

[1]) Vgl. hierzu auch die Tabellen in ds. Journ. 1902, S. 750 und 1903, S. 7.   D. Red.

sich das elektrische Licht wesentlich billiger, wenn man eine eigene Dampfanlage macht und mit stets voll belasteten Maschinen arbeitet. Bei gröfserem Umfange der Anlage (d. h. mindestens 100 PS) kann der Preis des Stromes pro Kilowattstunde auf 10 bis 15 Pf., bei kleineren Anlagen auf 20 bis 25 Pf. herabgemindert werden. Im ersteren Falle rückt das elektrische Bogenlicht an die erste und das elektrische Glühlicht an die dritte Stelle der Reihe.

Vollständig über den Haufen geworfen wird aber diese Reihenfolge, wenn man aufser der Billigkeit auch noch andere Motive bei der Auswahl einer Lichtart gelten läfst. Je nach dem Zwecke, dem eine Lichtquelle dienen soll, sind diese Motive sehr verschieden. Kann für unsere Zimmerbeleuchtung das billige Bogenlicht überhaupt nicht in Betracht kommen, da es nicht genügend teilbar ist, so kann das relativ kostspielige elektrische Glühlicht dennoch gegenüber dem billigeren Gasglühlicht unter Umständen grofse Vorteile bieten.

II. Teil.

Das Wesen der verschiedenen Lichtquellen.

Der zweite Teil unseres Themas beschäftigt sich mit dem Wesen der verschiedenen Lichtquellen und dem Leuchtprozesse.

Zur besseren Übersicht wollen wir die sämtlichen Lichter in zwei Klassen einteilen: in solche, bei denen die Lichtentwickelung eine Folge starker Erhitzung eines Körpers ist (Temperaturleuchten), und in solche, die schon bei relativ niedriger Temperatur Lichterscheinungen im Auge hervorrufen (kalte Flammen, Fluorescenz, Leuchten infolge von Luminescenz).

Wiewohl mein Vortrag sich hauptsächlich mit der Theorie des Temperaturleuchtens befassen soll, da dieses fast ausschliefslich allen technisch gebräuchlichen Lichtquellen zu Grunde liegt, so darf ich doch die »kalten Lichtquellen« nicht übergehen, insofern sie uns den Weg zeigen, auf dem wir das

»Zukunftslicht« zu suchen haben, und durch die neuesten »farbigen« Bogenlampen den Weg in die Technik gefunden haben.

6. **Leuchten infolge von Luminescenz.** Der klassischste Repräsentant dieser kalten Lichter ist der Leuchtkäfer, oder das Irrlicht, wie es uns aus den Sagen her bekannt ist.

Auch das Meeresleuchten gehört hierher. Wer dieses Naturschauspiel noch nicht gesehen, kann sich von der Pracht desselben, zumal in südlichen Meeren, keine Vorstellung machen. Wenn die Nacht herniedersinkt und die Sterne am Himmelszelt auftauchen, dann flackert zuerst hier und da, vor allem am Bug des Schiffes, ein heller Funke im Wasser auf. Diese Funken vermehren sich, kommen und gehen, vergröfsern sich unerschöpflich, bis schliefslich spiralige Goldsträhnen aus der Tiefe zu kommen scheinen, oft sich zu ganzen Goldklumpen verdichtend. Auch das Meeresleuchten wird verursacht durch lebende Wesen; Milliarden von Infusorien vereinigen ihr mattes Licht zu so glänzendem Schimmer. Dieser Lichter Entstehen ist so dunkel uns noch wie das im Finstern sichtbare Leuchten verfaulenden Holzes und die Leuchterscheinungen, welche seit Entdeckung der X-Strahlen auch dem gröfseren Publikum bekannt geworden sind. Ich meine das Leuchten der Gase in Geifslerschen Röhren.[1])

Wohl allen ist noch aus der Schule her die Wirkung eines Rühmkorffschen Induktionsapparates bekannt, der in der Medizin zur Beseitigung von Lähmungserscheinungen gebraucht wird. Läfst man den elektrischen Strom eines Induktionsapparates statt durch den menschlichen Körper durch eine fast luftleer gemachte Geifslersche Röhre gehen, so leuchtet das noch darin befindliche verdünnte Gas mit magischem, blauvioletten Lichte. Durch Berühren der Röhre kann

---

[1]) Nur soviel scheinen die neuesten Forschungen zu lehren, dafs die in den Atomen des Gases oder Dampfes befindlichen elektrischen Ladungen (Elektronen) durch die elektrischen Entladungen (Kathodenstrahlen) erschüttert werden, in Schwingung geraten, im Äther Wellen erregen und so zum Ausgangspunkt von Lichtwellen werden.

man sich davon überzeugen, dafs die Temperatur desselben nur eine mäfsige ist. Die eigentümliche Schichtung des Lichtes in der Nähe des Poles ist ein deutliches Kriterium für das Vorhandensein von verdünntem Gas. Bei anderen Geifslerschen Röhren kommt zum Leuchten des Gases noch das bunte Licht des Glases und zwar an den Stellen, wo die Röhre aus Uranglas gefertigt ist. Man sagt, das Glas »fluoresciert«, ohne damit auch nur irgend eine Andeutung von einer Erklärung dieser merkwürdigen Lichterregung geben zu wollen.

Pumpt man eine Geifslersche Röhre immer weiter aus, so wird die Schichtung des Gases immer undeutlicher und das Leuchten des Gases hört schliefslich ganz auf. Dafür tritt eine neue Erscheinung auf, die in letzter Zeit viel von sich reden gemacht hat. Von der Kathode, d. h. der negativen Zuführungsstelle des Stromes im Innern einer solchen Hittorf schen Röhre gehen eigentümliche Strahlen (Kathodenstrahlen) aus, die wir zwar nicht direkt sehen, wohl aber dadurch sichtbar machen können, dafs wir sie auf fluorescierende Stoffe auffallen lassen. In solchen Röhren bringen diese Strahlen z. B. Asbest zur Fluorescenz, oder in anderen Röhren fluresciert die Glaswand da, wo die Kathodenstrahlen dieselbe treffen.

Diese fluorescierende Glaswand ist bekanntlich die Stelle, von welcher die Röntgenstrahlen ausgehen. Auch die Röntgenstrahlen haben die Eigenschaft, die verschiedensten Substanzen zum Leuchten zu bringen. Ein vor die Röntgenstrahlen gehaltener Fluorescenzschirm aus Bariumplatincyanür leuchtet so hell, dafs man auch aus gröfserer Entfernung die Fluorescenz deutlich wahrnehmen kann. Bringt man dann zwischen die X-Röhre und den Schirm einen 10 cm dicken Klotz aus Holz, auf welchen ein Bleikreuz von 20 cm Schenkellänge genagelt ist, so sieht man den Schatten dieses Kreuzes auf dem Schirm, während vom 30mal so dicken Holzklotz nur die Andeutung eines Schattens wahrzunehmen ist.

Bei allen diesen Versuchen wird der elektrische Strom des Rühmkorffschen Apparates direkt durch Elektroden in das Innere der luftleeren Röhre geleitet. Bedient man sich

2

elektrischer Wechselströme von Millionen Wechseln in der Sekunde, sogen. »elektrischer Schwingungen«, wie man sie erhält, wenn man eine Leydener Flasche (Kondensator) durch einen Draht entladet, so leuchtet die Geifslersche Röhre auch schon auf, wenn man sie blofs in die Nähe des Drahtes hält, ohne metallische Verbindung. Der Amerikaner Nicola Tesla hat seinen Namen dauernd mit diesen Erscheinungen verknüpft, da er zuerst die betreffenden Versuche in grofsem Mafsstabe ausführte.

Nur mit Wehmut erinnere ich mich jener Geisterstunde, welche ich auf der Chicagoer Ausstellung in Teslas Laboratorium verbrachte, da ich sie mit meinem geliebten Lehrer, Sr. Excellenz von Helmholtz, zubringen durfte. Dort war die Decke eines grofsen Dunkelraumes mit langen, isolierten Drähten bespannt, in denen sich gewaltige Mengen elektrischer Energie von hoher Frequenz und Spannung entluden. Dieser von Hertzschen Wellen durchflutete Dunkelraum brachte die Geifslerschen Röhren zum Leuchten, wohin man sich mit diesen auch begeben mochte, und gleich Irrlichtern wandelten wir mit den leuchtenden Röhren in der Hand umher.

Die durch »elektrische Schwingungen« hervorgerufenen Lichterscheinungen sind besonders dadurch ausgezeichnet, dafs bei ihnen fast die ganze aufgewandte elektrische Energie in Licht umgewandelt wird.

Nach Versuchen von H. Ebert[1]) soll man unter den günstigsten Verhältnissen bei einem Aufwand von nur einem Milliontel Watt eine Helligkeit von rund $1/_{40}$ Hefnerkerze erhalten können, wobei die verbrauchte Gesamtenergie etwa 2000 mal kleiner sei als die der Hefnerlampe. Hier ist man nahe am Ideal der künstlichen Beleuchtung angelangt, wenn auch wegen der technischen Schwierigkeiten noch geraume Zeit verstreichen wird, ehe diese »Luminescenzlampe« den jetzt gebräuchlichen Lichtquellen Konkurrenz machen dürfte.

---

[1]) H. Ebert. ›Die ökonomischsten Lichtquellen‹, Eders Jahrb. f. Photogr. Bd. 9, S. 47 bis 49, 1895.

7. Leuchten infolge Erhitzung (Temperaturstrahlung).
Bei unseren gebräuchlichen Lichtquellen, den Flammen
und elektrischen Lichtern, ist die Lichtentwickelung und
Strahlung die Folge hoher Erhitzung fester Substanzen.
Diese von R. v. Helmholtz[1]) treffend mit »Temperaturstrahlung« bezeichnete Emission steht also im Gegensatz zu
der Lichtemission infolge »Luminescenz«, mit welchem Aus-
druck wir nach E. Wiedemann alle diejenigen Leuchterscheinungen zusammenfassen, bei denen die Temperatur eine
nebensächliche Rolle spielt und die Lichtentwickelung nicht
mit der Temperatur zu Null herabsinkt.

Bei der Temperaturstrahlung ist im Gegensatz zur Luminescenz die Lichtentwickelung stets mit einer bedeutenden Wärmestrahlung verbunden, welche als Heizmittel nicht zu verachten,
für die Lichtbereitung aber höchst überflüssig ist und die
Leuchtkraft enorm verteuert.

Der Effekt bei dem Leuchten infolge hoher Temperatur
ist im wesentlichen durch zwei Faktoren bedingt: Durch
die Beschaffenheit der zur Glut erhitzten Substanz
und durch die Höhe der Temperatur, bis zu welcher
der Glühkörper erhitzt werden kann. Und zwar wird
der Lichteffekt um so gröfser, je höher die Glühtemperatur ist,
während von verschiedenen Strahlungskörpern gleicher
Temperatur derjenige die gröfste Ökonomie hat, bei welchem
das Verhältnis der »sichtbaren« zur »unsichtbaren« Wärmestrahlung ein Maximum erreicht.

Ehe wir diese zu erstrebenden »Ziele der Leuchttechnik« näher ins Auge fassen, wollen wir uns damit bekannt machen, wie man hohe Temperaturen herstellt. Dabei
müssen wir die freibrennenden Flammen (Kerze, Petroleumflamme, Gaslichter, Acetylen u. s. w.) von den elektrischen Lichtern (Glühlampe, Bogenlampe, Nernstlampe,
Osmiumlampe) unterscheiden und zwar in Bezug auf die Art
und Weise, in welcher die leuchtenden Substanzen zum Glühen
gebracht werden.

---

[1]) R. v. Helmholtz. »Licht- und Wärmestrahlung verbrennender
Gase.« Berlin 1890.

a) **Wärmeentwickelung bei den Flammen infolge Verbrennung:** Den Übergang vom Leuchten bei niederer zu dem bei höherer Temperatur bildet jenes gespenstische Leuchten z. B. des Phosphors, welches man im Dunkeln beobachten kann, wenn eine Oxydation brennbarer Stoffe stattfindet, ohne daß eine eigentliche Verbrennung eintritt. Oxydation und Verbrennung sind im Wesen dasselbe; bei beiden findet eine Verbindung der brennbaren Substanz mit Sauerstoff statt. Während aber die Oxydation schon bei relativ niedrigen Temperaturen vor sich geht, tritt eine Entzündung und Verbrennung erst bei relativ hohen Wärmegraden ein.

Die bei jedem Feuer, jeder freibrennenden Flamme, der Kerze, Lampe u. s. w. stattfindende Hitze- und Lichtentwickelung ist nichts weiter als eine bei hoher Temperatur eingeleitete Oxydation oder Verbrennung, d. h. die Verbindung eines Stoffes mit Sauerstoff.

Stoffe, welche wie die Steine zum Sauerstoff keine Neigung fühlen, oxydieren nicht, verbrennen nicht und liefern keine Wärmeglut. Welch sehnsüchtiges Verlangen besitzen dagegen der Kohlenstoff, der Wasserstoff und deren Verbindungen zum zehrenden Sauerstoff. Wo diese Elemente aufeinanderstoßen, da gibt es heißen Kampf und glühende Umarmung.

Verbrennt Wasserstoff allein, so entsteht **Wasserdampf,** die Verbindung von Wasserstoff und Sauerstoff. (Knallgas-Gebläse.) Verbrennt reine Kohle allein, so entsteht **Kohlensäure** und bei geringem Sauerstoffzutritt giftiges **Kohlenoxydgas.**

Der Kohlenstoff in reinstem, kristallisiertem Zustand ist der so hoch geschätzte Diamant. Auch dieser beliebte Edelstein verbrennt in der Hitze zu Kohlensäure wie die ganz gewöhnliche Kohle.

Beide Prozesse, die Verbrennung von Wasserstoff zu Wasserdampf und die Verbrennung von Kohlenstoff zu toter Kohlensäure, gehen nun zugleich vor sich bei allen freibrennenden Flammen, wo chemische Verbindungen von Kohlenstoff und Wasserstoff, sogen. Kohlenwasserstoffe, mit Sauerstoff sich verbinden.

Die verschiedenen Öle, Tran, Talg, alle Fette, Stearinsäure, Wachs, Holz, Kohle etc., alle bestehen der Hauptsache nach aus Kohlenwasserstoffen und verbrennen, wenn man die hierfür günstigen Bedingungen herstellt. Damit nämlich der Sauerstoff sich mit dem Wasserstoff zu Wasser und mit der Kohle zu Kohlensäure verbinden und hierbei das flammende Feuer entwickeln kann, muß die brennbare Substanz erstens in Gasform und zweitens auf hoher Temperatur dem Sauerstoff mundgerecht dargeboten werden. Bei unseren Gasflammen liefert die Gasanstalt den gasförmigen Kohlenwasserstoff, das Streichholz die anfangs notwendige Hitze. Das erhitzte Gas wird sofort vom Sauerstoff der umgebenden Luft angefallen und bei dessen heißer Umarmung zu toter Kohlensäure und unverbrennlichem Wasserdampf verbrannt. Die bei dieser Verbrennung entstehende Hitze genügt nun, um das nachströmende Gas vorzuwärmen, auf daß auch dieses verbrennen kann, und so dauert das Spiel, so lange als noch Gas der Leitung entströmt und sauerstoffreiche Luft dem heißen Gase zufließt.

Und wie bei der Gasbereitung im großen, genau ebenso ist der Verlauf bei jeder Verbrennung, bei jeder Flamme. Jedes Feuer ist die Lichterscheinung eines verbrennenden Gases, jede Flamme ist eine Gasflamme und unsere Lichtquellen wie die Petroleumlampen, die Kerze etc. sind somit »Gasanstalten im kleinen«. Verweilen wir noch einige Augenblicke bei der Kerze, die trotz ihres bescheidenen Aussehens ein kleines Wunderwerk ist, und deren Bedeutung man daraus ersehen kann, daß der berühmte englische Physiker Faraday[1]) sie in sechs Vorlesungen behandelt. Die vom Streichholz gelieferte Wärmemenge tritt an die Stelle der Glut des Kohlenfeuers in der Gasanstalt unter den Retorten. Das Stearin schmilzt, steigt im Dochte aufwärts und wird von derselben Streichholzwärme vergast zu heißem Kohlenwasserstoffgas,

---

[1]) Michael Faraday »Naturgeschichte einer Kerze«. 6 Vorlesungen für die Jugend. Deutsch von Lüdicke. Berlin, R. Oppenheim 1871. — Neue englische Ausgabe von W. Crookes: 226 S.; London, 1894, Chatto & Windus. Preis M. 4,50.

gleich wie in den Retorten der Gasanstalt die Kohle durch die Glut des Feuers vergast wird. Von hier an ist der Prozeß der Verbrennung der vorher geschilderte. Das am Ende des Dochtes erzeugte heiße Kohlenwasserstoffgas wird vom Sauerstoff der Luft verbrannt, während die hierbei entstehende Hitze das nachströmende Gas vorwärmt. Sollen alle diese von der brennenden Kerze selbst geleisteten Prozesse, Schmelzen des Leuchtstoffes, Vergasen des flüssigen Materials am Ende des Dochtes und geeigneter Verbrauch des selbst entwickelten Leuchtgases richtig ineinander eingreifen, wie es bei einer gut brennenden und nicht tropfenden Kerze der Fall ist, so können wir derselben als einem kleinen Kunstwerke unsere Bewunderung nicht versagen.

Vor allem hängt das ruhige Brennen einer leuchtenden Flamme von der richtig gewählten Luftzufuhr ab. Ist der Docht zu groß oder zu klein, so brennt die Kerze unruhig, rußt oder leuchtet fast gar nicht.

Ein jeder weiß, was es heißt, die Lampe »rußt«. Dann ist der Docht zu groß, die sich entwickelnde Gasmenge ist zu gewaltig für die Luftzufuhr und Rußwolken steigen auf. Die Rußwolke ist nichts weiter als der noch nicht verbrannte Kohlenstoff des in der Hitze zersetzten Kohlenwasserstoffes. Schraubt man die Flamme kleiner, so hört das Rußen auf; aber auch jetzt noch wird nicht gleichzeitig aller Kohlenstoff zu Kohlensäure verbrannt.

Liefert die Verbrennung der Kohlenwasserstoffe die Glühhitze, so bedingt der nicht verbrannte, zu hoher Glut erhitzte Kohlenstoff die Helligkeit der »leuchtenden« Flammen. Ohne das Vorhandensein fester, noch unverbrannter Kohlepartikelchen kann eine Flamme überhaupt nicht leuchten. Es läßt sich das durch ein Experiment mit einer gewöhnlichen leuchtenden Gasflamme beweisen. Sobald man das Gas vor der Verbrennung mit der Luft oder mit Sauerstoff mischt, so hört das Leuchten auf, da jetzt alle Kohlenstoffteilchen des Gases zu Kohlensäure verbrennen, welche, wie wir später erkennen werden, auch bei noch so hoher Erhitzung keine Lichtwellen auszusenden imstande sind.

Eine Folge der Verbrennung des gesamten Kohlenstoffes, der im Leuchtgase enthalten ist, ist die Steigerung der Temperatur der Flamme, insofern eben kein fremder Ballast zu erwärmen ist wie bei der leuchtenden Flamme.

Eine nichtleuchtende Flamme kann man dadurch wieder zum Leuchten bringen, daſs man unverbrennliche Substanzen in dieselbe einführt und so sich ihre höhere Temperatur zunutze macht. Hält man z. B. ein dünnes Platinblech in die nichtleuchtende Bunsenflamme, so beginnt es nach kurzer Zeit zu leuchten. Bringt man das Platinblech in die noch heiſsere Flamme des Knallgasgebläses, so kommt es zur Weiſsglut und schmilzt. Indem man nun Platin durch eine unschmelzbare Substanz ersetzt, etwa durch Kalk, Kreide oder Magnesia, entsteht eine Lichtfülle, welche einen ganzen Saal erhellen kann. (Drummondsches Kalklicht.)

An die Lichtstärke dieser bei möglichst hoher Temperatur geglühten, festen Substanzen reicht die Leuchtkraft der gewöhnlichen Gasflammen nicht heran. Es bedeutete daher einen groſsen Fortschritt auf dem Gebiete der Gastechnik, als es Herrn Auer von Welsbach gelang, die Gasflamme zu hellerem Leuchten zu erwecken, und zwar auf ähnlichem Wege wie bei den eben genannten Lichtern, indem er in der sehr heiſsen, aber nichtleuchtenden Bunsenflamme den nach ihm benannten Strumpf aus unverbrennlicher Substanz (Thoriumoxyd u. s. w.) zum Glühen brachte. Soll freilich ein so hoher Leuchteffekt erzielt werden, wie im Auerschen Gasglühlicht, so muſs der Glühkörper vielen theoretischen Bedingungen genügen, um vor allem die Temperatur der Flammengase nicht herabzudrücken und entsprechend seiner Erhitzung möglichst viel Licht auszusenden. Denn nicht alle Stoffe senden, wie wir später ausführlich erörtern werden, bei gleicher Temperatur gleich viel Licht aus.

Wie die Auersche Erfindung im Prinzip nicht neu ist, so hat sie auch in Bezug auf die Ausführung schon einen Vorgänger gehabt; so sollen in Nantes bereits vor längerer Zeit Gasglühlichter die Straſsen erhellt haben, bei denen ebenfalls ein Glühstrumpf im heiſsesten Teile der Bunsenflamme zum Glühen gebracht wurde. Daſs diese Gasglühlichter so schnell der Vergessenheit anheimgefallen sind, lag einzig und allein an der Art des Strumpfes; derselbe war aus Platindraht hergestellt, statt aus Auerschem Material. So zeigt es sich wieder, daſs auch das beste Prinzip bei verständnisloser und unrichtiger Durchführung bedeutungslos werden kann und — muſs.

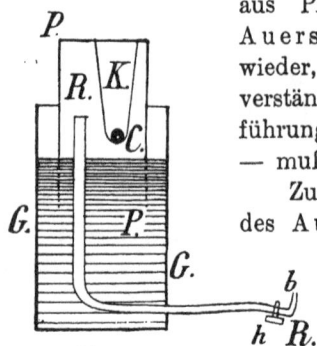

Zum Verständnis der Überlegenheit des Auerschen Gasglühlichts über das gewöhnliche Gaslicht und der sich anschlieſsenden Fragen, warum eine Lichtquelle mehr Licht aussendet als eine andere und wieso mit der Steigerung der Temperatur auch die ausgesandte Lichtmenge wächst, müssen wir auf das »Kirchhoffsche Gesetz von der Absorption und Emission des Lichtes« näher eingehen und uns vor allem mit den Ergebnissen der neuesten Strahlungsversuche vertraut machen.

Zuvor will ich aber noch die übrigen, in der Leuchttechnik gebräuchlichen Lichtquellen besprechen.

Zu den freibrennenden Flammen ist neuerdings das »Acetylenlicht« getreten, bei welchem ebenfalls eine Kohlenwasserstoffverbindung verbrennt, deren Bereitung ja fast allgemein bekannt ist.

Aus Fig. 5 ist die Einrichtung des nach Art eines Gasbehälters gebauten Apparates leicht ersichtlich. Das äuſsere Gefäſs GG ist zum Teil gefüllt mit Wasser, durch welches das mit dem Brenner b und dem Hahn h versehene Rohr RR bis über das Niveau des Wassers führt. In das äuſsere Gefäſs taucht ein zweites PP, welches an seinem Deckel im Innern den Drahtkorb K mit einer geringen Menge (etwa 200 g) Calciumkarbid trägt. Kraft seiner Schwere sinkt der auf dem Wasser schwimmende Zylinder PP immer tiefer ein, sobald der Hahn bei h geöffnet wird, und die eingeschlossene Luft dringt durch das Rohr R nach auſsen. Sobald

aber *PP* so tief gesunken ist, dafs das Calciumkarbid mit
dem Wasser in Berührung tritt, entwickelt sich A c e t y l e n-
g a s, und es entströmt dem Brenner *b* ein äufserst explosives
Gemisch von Luft mit wenig Acetylengas. Trotzdem kann
man ein brennendes Streichholz in den Gasstrom halten;
schliefslich entzündet sich das Gas und brennt um so heller,
je tiefer der Zylinder *PP* mit dem Korb *K* ins Wasser sinkt,
d. h. je weniger Luft dem Gase beigemengt ist. Schliefslich
entströmt nur noch reines Acetylengas, welches mit prächtiger,
weifser Lichtfülle verbrennt. Auch bei diesem Lichte leuchten
die in der heifsen Flamme noch unverbrannten Kohlenstoffteilchen, freilich, nach der Farbe des Lichtes zu urteilen, bei
einer Temperatur, welche die der gewöhnlichen Gasflamme
weit überragt.

Dafs keine Explosion eintritt, wo im Anfang viel Luft
mit wenig Acetylengas gemischt ist, liegt nur daran, dafs die
Streichholzwärme bezw. die Hitze der anfänglichen Flamme
durch die enge Öffnung des Brenners und das lange Rohr *RR*
nicht bis in das Innere des Zylinders *PP* dringt. Sonst würde
unfehlbar eine heftige Explosion eintreten.

Alle mit Luft gemischten brennbaren Dämpfe sind nämlich explosive Gase, in ihrer Wirkung dem Schiefspulver vergleichbar. Erreicht sie ein zündender Funke, schnell pflanzt
sich die Entzündung von der getroffenen Stelle durch das
ganze Gemisch fort; die dabei entstehende gewaltige Volum-
vermehrung verursacht einen plötzlichen, enormen Druck
auf die Umgebung, so dafs die das Gas einschliefsende Hülle
zersprengt wird, falls sie nicht jenem hohen Drucke wider-
stehen kann.

Der anscheinend leere Raum in einer teilweise mit Petroleum gefüllten Flasche ist, wie das Bassin einer nahe aus-
gebrannten Petroleumlampe, gefüllt mit Petroleumdämpfen
und hinzugetretener Luft. Dies Gemisch läfst sich mittels
elektrischen Funkens entzünden und der fortgeschleuderte
Korkpfropfen, welcher die Flasche nach aufsen abschlofs,
zeugt von der eingetretenen Explosion. Beim Ausblasen
einer Lampe mufs man sich daher hüten, den Docht zu
tief zu schrauben, damit nicht etwa ein Kanal zum Innern

des Petroleumbehälters entsteht, durch den die Flamme hinein-
geblasen werden kann. Am besten schneidet man die Luftzufuhr durch Bedecken des Dochtes mittels einer von aufsen
regulierbaren Klappe ab. Jedenfalls aber schraube man die
Flamme vor dem Ausblasen nicht zu klein.

Eine Eigenschaft unterscheidet das Acetylengas von den
anderen Gassorten. Während alle mit Luft gemischten brennbaren Gase erst explodieren, wenn sie ein zündender Funke
trifft, hat das Acetylengas die immerhin nicht angenehme
Eigenschaft, auch ohne Entzündung zu explodieren, falls es
einem genügend hohen Druck von mehreren Atmosphären
ausgesetzt wird. Dieses Gas ist thatsächlich nur eine mit
Widerwillen unter menschlichem Zwang eingegangene Verbindung des Kohlenstoffes mit dem Wasserstoff. Beide Kon-
trahenten suchen und ergreifen daher die erste beste Gelegenheit, um die Scheidung herbeizuführen und damit auch die
persönliche Freiheit wieder zu gewinnen!

b) Wesen der elektrischen Lichter: Wie bei den
frei brennenden Flammen glüht auch bei den gewöhnlichen
elektrischen Lichtern der Kohlenstoff. Nur die Art des Glühens
ist eine andere. Bei den elektrischen Glühlichtern wird
der Kohlefaden vom elektrischen Strom durchflossen und infolge des Widerstandes erhitzt, welchen er dem durch-
fliefsenden Strom entgegensetzt; beim elektrischen Bogenlicht
mufs die Elektricität eine Luftstrecke zwischen zwei Stäben
aus Retortenkohle überwinden, wobei sie an der Trennungs-
stelle einen Lichtbogen bildet und die Enden der Kohlen-
stäbe erhitzt.

Diese elektrischen Lichter sind also den Gasflammen insofern ähnlich, als auch bei ihnen hoch erhitzter Kohlenstoff
die Quelle des Leuchtens ist. Während aber bei allen Flammen
und dem Gasglühlicht das verbrennende Gas direkt zur Erhitzung des Kohlenstoffes oder des Glühkörpers benutzt wird,
dient bei den elektrischen Lichtern der Heizwert der Steinkohle erst zur Erzeugung von Dampf oder Gas, welche ihrer-
seits einen Motor in Bewegung setzen, durch dessen Rotation
erst die den elektrischen Strom erzeugende Dynamomaschine
getrieben wird.

Hoffentlich gelingt es einer späteren Zeit, diesen umständlichen und kostspieligen Prozeſs zu vereinfachen und die Energie der Steinkohle auf direktere Weise in elektrische Energie umzusetzen. Denn es geht leider gar zu viel Energie durch jenen umständlichen Prozeſs verloren.

Dafür liefert aber dieser umständliche Prozeſs auch das geläutertste Licht. Bei ihm wird eben nur diejenige Energie in das Zimmer geleitet, welche unbedingt zur Erhitzung des Kohlefadens notwendig ist, während die nutzlosen Verbrennungsprodukte der Steinkohle, des Petroleums, des Gases u. s. w. in der elektrischen Zentrale verbleiben. Beim elektrischen Licht kommt nur die zur Temperaturerhöhung der Kohle unbedingt notwendige Wärmemenge in das Zimmer, die der Kohlefaden bezw. die Bogenlampenkohle in Gestalt von Wärme- und Lichtwellen wieder ausstrahlen.

Die Gasflamme, das Petroleum, die Kerze, kurz alle Gaslichter im weitesten Sinne des Wortes, erheischen viel gröſsere Wärmemengen. Bei ihnen allen flieſst ein dauernder Strom von verbrannten Gasen von der Flamme fort. So wird es uns verständlich, warum alle Flammen eine so groſse, unter Umständen lästige, heizende Wirkung ausüben.

Stellt sich auch das elektrische Licht infolge der schlechten Ausnutzung des Heizwertes der Kohle teurer als das Gasglühlicht, so wiegen seine Bequemlichkeit, Teilbarkeit und andere Vorteile gegenüber den frei brennenden Flammen die Preisdifferenz unter Umständen wieder auf. Bei der richtigen Würdigung der sekundären Wirkungen der verschiedenen Lichtquellen muſs man sich wundern, daſs bei der möglichen Wahl zwischen beiden Lichtarten das Billigkeitsprinzip eine so groſse Rolle spielt. Vor allem ist beim elektrischen Licht die Art des Anzündens eine auſserordentlich einfache; neuerdings ist freilich auch das Anzünden des Gaslichts vereinfacht worden durch Einführung der sog. »Gasselbstzünder«. Auch die verbrannten Gasprodukte könnte man über den Gaslampen abfangen und abführen; es könnte dies so geschehen, daſs man von vornherein die Zuleitungsrohre mit einem weiteren Rohre umgeben würde, welche an geeigneter Stelle in den Schornstein führten. So würde man zugleich eine Vorwärmung des Gases bewirken und außerdem eine gute Ventilation der Räume erzielen!

Zu den »gewöhnlichen« elektrischen Kohlelichtern sind neuerdings das Nernstlicht, die Osmiumlampe und die neue Art von farbigen Bogenlampen getreten.

Bei der Nernstlampe[1]) glüht ein sog. »Leiter zweiter Klasse«, welcher erst bei beginnender Weißglut den elektrischen Strom zu leiten vermag. Zu diesen Leitern gehören alle sog. »Isolatoren«, wie Porzellan, Glas, Schiefer u. s. w. Infolge dieses Umstandes muß der Glühkörper der Nernstlampe mit dem Streichholz »angezündet«, d. h. vorgewärmt werden, damit er vom Strom durchflossen und dadurch zur hohen Weißglut erhitzt werden kann.

Bei den im Handel befindlichen Nernstlampen wird der Glühkörper durch eine sinnreiche Vorrichtung vom Strom selbst vorgewärmt, welche automatisch ausgeschaltet wird, sobald der Glühkörper den Strom leitet.

Bei der Osmiumlampe von Auer von Welsbach[2]) glüht das schwer schmelzbare Osmiummetall im luftleeren Raume. Werden an einem Schaltbrett drei Osmiumlampen und drei gewöhnliche Glühlampen installiert, die sämtlich bei 110 Volt Spannung brennen, so läßt sich an einem am Schaltbrett befindlichen Amperemeter erkennen, daß die Osmiumlampen nur 1,8 Amp, die Kohlelampen dagegen 3,8 Amp verbrauchen. Trotz dieses verschiedenen Stromverbrauches liefern, laut Mitteilung der Auergesellschaft, beide Lampenarten die gleiche Kerzenzahl.[3])

Die neuesten »farbigen« oder »Effekt«-Bogenlampen unterscheiden sich von den gewöhnlichen lediglich dadurch, daß bei ihnen die Kohlen mit Substanzen wie Bariumoxyd, Strontiumoxyd, Fluorcalcium u. s. w. getränkt sind, welche im Flammenbogen verdampfen und in Dampfform kein kontinuierliches

---

[1]) D. R. P. 104872 vom 6. Juli 1897; vgl. ds. Journ. 1900, S. 360; 1901, S. 173; 1902, S. 65 u. 274; 1903, S. 97.

[2]) Vgl. ds. Journ. 1898, S. 237; 1901, S. 101 und S. 688; 1902, S. 250.

[3]) Vgl. ds. Journ. 1902, S. 864.

Spektrum, sondern vor allem leuchtende, farbige Strahlen
aussenden. Obwohl diese farbigen Bogenlampen erst ganz
neuerdings ihre Daseinsberechtigung erlangt haben, liegen die
ersten Versuche über den Einfluſs von Beimischungen der
Kohle auf die Art und Ökonomie des Lichtbogens doch weit
zurück. Schon im Jahre 1844, als man sich noch der
Bunsenschen Elemente zur Erzeugung des Kohlelichtbogens

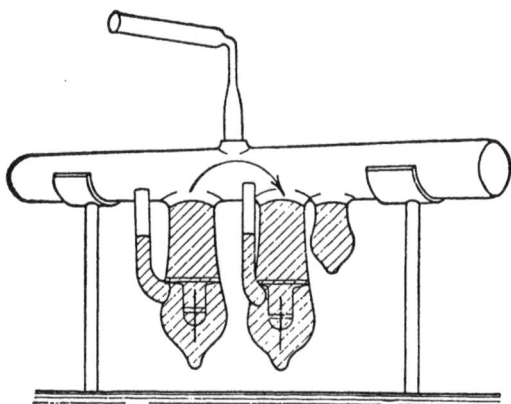

Fig. 6.

bedienen muſste, hat P. Casselmann[1]) im Bunsenschen
Laboratorium »farbige« Lichtbogen durch Tränken der Kohlen-
stäbe mit allen möglichen Substanzen hergestellt und auch
gezeigt, daſs die photometrische Ökonomie bei Anwendung
getränkter Kohlen unter Umständen gröſser ist als die bei
Verwendung von »nackten« Kohlen.

Im Jahre 1879 sind sodann derartige »farbige« Bogenlampen der Firma Gebr. Siemens & Co.[2]) in Charlottenburg sogar patentrechtlich geschützt worden. Während aber
hier nur das ruhige Brennen des gefärbten Lichtbogens als
Vorzug hingestellt wird, hat E. Rasch[3]) auf den ökonomi-

[1]) P. Casselmann. Pogg. Ann. Bd. 63, S. 578, 1844.
[2]) D. R.-P. 8253 vom Jahre 1879. Vgl. auch das englische
Patent 11573 vom Jahre 1888 und Nr. 9555 vom Jahre 1891.
[3]) Patentanmeldung von E. Rasch: »Elektrobengalisches Bogenlicht« 113594 vom Jahre 1892.

-schen Vorteil aufmerksam gemacht, welcher bei Anwendung geeigneter »Färbungsmittel« erzielt werden kann, und diese Erkenntnis auch in die That umgesetzt.[1]) Allgemeiner bekannt geworden sind die farbigen Bogenlampen aber erst durch das »Bremerlicht«[2]), dem neuerdings die »Effekt«-Bogenlampen von Siemens & Halske gefolgt sind. Bei diesen farbigen Bogenlampen kommt zur Strahlung der festen Elektroden (Kohle, oder wie bei der Lampe von Rasch Elektrolyte) noch das Leuchten der Dämpfe der zur Imprägnierung verwendeten Substanzen.

Noch vor Einführung der farbigen Lichtbogen bei den Bogenlampen hatte Arons[3]) die nach ihm benannte Quecksilberbogenlampe konstruiert. Bei ihr dient das Quecksilber als Elektrode und im Lichtbogen leuchtet nur der Quecksilberdampf. Da der Lichtbogen im Vakuum erzeugt werden mufs, so stören sehr die an der inneren Glaswand herabrollenden kondensierten Quecksilbertröpfchen. Man entgeht diesem Übelstand, wenn man die Aronsche Lampe in der von mir[4]) angegebenen Form (Fig. 6) ausführt, bei welcher man längs des Lichtbogens (in Fig. 6 durch den Pfeil angedeutet) blickt. Diese Anordnung erlaubt auch die Anwendung von Wasserspülung und damit die Verwendung starker Ströme (bis über 20 Amp), ohne dafs die in grofser Menge an der Glaswand herabrollenden Quecksilberkügelchen den Strahlengang stören.

---

[1]) E. Rasch. »Ein neues Verfahren zur Erzeugung von elektrischem Licht.« E. T. Z. 1901. Ferner »Elektrolytlichtbogen«, ds. Journ. 1901, S. 348. Vgl. auch D. R.-P. Nr. 117214 vom 19. März 1899.

[2]) Bremer. D. R.-P. 118464 vom Jahre 1899. Ferner D. R. P. 118867 und 127333 v. J. 1899.

[3]) L. Arons. Wied. Ann. Bd. 47, S. 767, 1892 und Bd. 58, S. 73, 1896. Vgl. a. ds. Journ. 1902, S. 81.

[4]) O. Lummer. »Herstellung und Montierung der Quecksilberlampe.« Zeitschr. für Instrumentenkunde Bd. 15, S. 294, 1895 und Bd. 21, S. 201, 1901. Vgl. auch den neuesten Katalog von Dr. R. Muencke in Berlin.

Auch dieser Quecksilberlichtbogen ist neuerdings und
zwar durch Hewitt[1]) praktischen Beleuchtungszwecken an-
gepaßt worden. Die Hewittsche Quecksilberlampe zeichnet
sich durch die enorme Länge des Lichtbogens von etwa 40 cm
aus, welcher infolgedessen durch ein kleines Induktorium
angeregt werden muß, während bei der in Fig. 6 skizzierten
Form der Stromschluß durch ein bloßes Schütteln der Lampe
eingeleitet wird.

III. Teil.

Die physikalischen Grundlagen der Leuchttechnik.

Wir kommen zum Hauptteil unseres Themas, welches
sich mit den neueren Strahlungsergebnissen und den Zielen
der Leuchttechnik beschäftigen soll. Unsere Aufgabe ist gelöst,
wenn wir für jede Lichtquelle die Temperatur
kennen und anzugeben vermögen, welches das
Verhältnis der schädlichen Wärmestrahlung zur
nützlichen Lichtstrahlung ist. Zu diesem Zwecke
müssen wir die Gesetze der Strahlung in ihrer Abhängigkeit
von der Temperatur und Wellenlänge bestimmen. Erst dann
können wir die verschiedenen Lichtquellen ihrem physikalischen Werte nach ordnen und angeben, inwieweit ihre
Leistung der theoretisch möglichen nahekommt und wovon
ihre Ökonomie und ihr Kerzenpreis abhängt.

Auch hier müssen wir etwas weiter ausholen, um das
Verständnis für diese schwierigeren, wissenschaftlichen Fragen
zu erleichtern. Zunächst wollen wir uns klar machen, was
denn der Unterschied zwischen Licht und Wärme ist, und die
Mittel kennen lernen, wie man die Strahlung mißt.

8. **Licht- und Wärmestrahlung.** Ohne unser Auge gibt
es keine Lichtempfindung. Man schließe das Auge, und
verschwunden ist für uns die Farbenpracht der Natur, der
Formenreichtum, Licht und Schatten. Alles ist in ein ödes,
undurchdringliches Dunkel gehüllt; wir selbst aber entbehren
der sicheren Führung unseres weithin schweifenden Blickes

---

[1]) Ds. Journ. 1901, S. 495; 1902, S. 43 u. S. 339.

und sind hilflos unserem Tastgefühl überlassen. Nur wo unser Auge blickt, ist für uns Licht.

Eine Lichtquelle wie z. B. die Sonne reizt aber nicht nur den Sehnerven; auf unsere Hand treffend, ruft derselbe Sonnenstrahl die Empfindung von Wärme hervor, welcher vom Auge als Licht empfunden wird und welcher auf der photographischen Platte die Silbersalze zersetzt. Man spricht darum von »Wärmestrahlen«, »Lichtstrahlen« und »chemisch wirksamen« Strahlen, entsprechend den dreierlei Wirkungen, obgleich alle diese Strahlengattungen nur Schwingungen desselben Lichtäthers sind.

Newton und die nach ihm glaubten, es entströme den leuchtenden Körpern ein feiner Stoff.

Wir nehmen jetzt mit Huygens an, daß das von den Lichtquellen ausgehende Agens nichts Greifbares ist, sondern eine wellenartige Bewegung des hypothetischen »Lichtäthers«, mit welchem das ganze Weltall und alle Materie, der luftleere Raum wie das dichteste Edelmetall erfüllt gedacht werden muß. Der unendliche Weltenraum gleicht einem Äthermeere, in dem sich alle Vorgänge der Natur abspielen. Reibungslos gleiten die Planeten mit ungeheurer Geschwindigkeit durch den Lichtäther dahin.

Wie verschieden aber auch die Wirkungen der von einer Lichtquelle ausgehenden Wellen sind, je nachdem sie auf unser Auge oder unsere Haut treffen, objektiv unterscheiden sie sich lediglich durch die Wellenlänge, d. h. die Strecke von Wellenberg zu Wellenberg oder von Wellental zu Wellental.

Um diese Wellen verschiedener Länge voneinander zu trennen, schickt man Licht durch ein Glasprisma, wie sie ähnlich an den gläsernen Kronleuchtern so vielfach Verwendung finden. Auf einem dahinter befindlichen Schirm erscheint ein wundervolles Farbenband, ähnlich dem Regenbogen, bei welchem statt des Prismas die Regentropfen die Brechung und Zerlegung der verschiedenen Sonnenstrahlen besorgt. Jeder Streifen dieses farbigen Bandes, »Spektrum« genannt, entspricht einer Ätherwelle von ganz bestimmter

Wellenlänge, und zwar nimmt die Länge von Rot nach Blau hin allmählich ab.

Aber dieses sichtbare Spektrum umfaſst nur den kleinsten Teil der der Lichtquelle ausgesandten Wellenskala. Sowohl links vom Rot als rechts vom Blau treffen Ätherwellen den weiſsen Schirm. Dabei übertrifft der unsichtbare Teil des Spektrums, welcher dem Rot benachbart ist, den sichtbaren Teil an Ausdehnung um das vierzig- bis fünfzigfache! Die Existenz dieses »ultraroten« Spektralteiles kann nicht mehr von unserem Auge, wohl aber leicht durch empfindliche W ä r m e m e s s e r (Thermometer, Thermosäule, Radiometer, Bolometer u. s. w.) nachgewiesen werden.

Als Sir W. H e r s c h e l[1]) im Jahre 1800 mit Hilfe eines empfindlichen, beruſsten Thermometers als der Erste diese »neue Art von Sonnenstrahlen« entdeckte, da war das Aufsehen in der wissenschaftlichen Welt wohl kaum ein geringeres als das, welches in unserer Zeit die R ö n t g e n sche Entdeckung der X-Strahlen hervorrief. Nachdem sich der erbitterte Streit über die Richtigkeit der H e r s c h e l schen Entdeckung zu Gunsten H e r s c h e l s entschieden hatte, bedurfte es noch mehrerer Decennien und der Anhäufung zahlreicher Versuche, ehe die Lichtstrahlen und diese neuen unsichtbaren Wärmestrahlen der Sonne als subjektiv verschiedene Empfindungen o b j e k t i v g l e i c h a r t i g e r Ä t h e r w e l l e n erkannt und anerkannt wurden.

Und wie die empfindlichen Wärmemesser die Existenz der »ultraroten« Wärmewellen erkennen lieſsen, so wurde durch die Photographie die Existenz der »ultravioletten« Wellen am blauen Ende des Spektrums aufgedeckt, welche eben wegen ihrer photographischen Wirksamkeit die Bezeichnung »photochemische« Strahlen erhielten. Halten wir fest, daſs auch diese Strahlen Wellen des Lichtäthers sind und daſs a l l e n Ätherwellen, von den kleinsten »chemischen« über die sichtbaren hinüber bis zu den gröſsten »Wärmewellen«,

---

[1]) Sir William Herschel. »Investigation of the powers of the prismatic coulours to heat and illuminate objects.« Phil. Trans of London, Teil I, S. 284 bis 326 und 437 bis 538, 1800.

die eine Eigenschaft gemeinsam ist, ein gewisses Quantum Energie mit sich zu führen, welches beim Auftreffen auf das Thermometer, die Thermosäule, das Bolometer u. s. w. in Wärme umgewandelt wird. Insofern sind alle von einem leuchtenden Körper zu uns gelangenden Strahlen »Wärmestrahlen«, nur dafs die Energie der violetten und ultravioletten gegenüber den roten und ultraroten sehr gering ist.

Diese uns jetzt so geläufige Vorstellung, dafs sich die Licht- und Wärmewellen nur in Bezug auf die Wellenlänge und auf die Gröfse der von ihnen transportierten Energie unterscheiden, verwirrte lange die besten Köpfe. Man wollte nicht glauben, dafs so verschiedene Qualitäten der Empfindung wie Licht und Wärme, welche im Gehirn zu ganz verschiedenen Ministerien führen, die sich ähneln wie das Kultusministerium dem Kriegsministerium im Staatsleben, objektiv nur Unterschiede der Quantität seien.

Diese Erkenntnis brach sich nur langsam Bahn, trotz Imanuel Kant, welcher allein auf Grund logischen Denkens die objektive Welt ihres subjektiven Scheines entkleidet und das »Ding an sich« dem Sinnenscheine gegenübergestellt hatte. An diesem Loslösen des subjektiven Empfindens vom objektiv Seienden scheiterte auch unser Altmeister Goethe, als er die Newtonsche Farbenlehre von der Existenz verschieden brechbarer Strahlen so hartnäckig bekämpfte.

Unser Auge vermag nur die Wellen in Lichtempfindung umzusetzen, deren Wellenlänge nicht gröfser als 0,0008 mm und nicht kleiner als 0,0004 mm ist. Warum die Natur unserem Auge versagt hat, alle anderen möglichen Ätherwellen in Lichtempfindung umzusetzen? Wer möchte dieser Frage die Antwort erteilen? Aber wie dem auch sei, als Entschädigung für den geringen Empfindungsbereich hat Mutter Natur unser Auge mit einer Empfindlichkeit gegen die »Lichtstrahlen« ausgestattet, welche von unseren künstlichen Wärmemessern auch nicht annähernd erreicht wird! Mit welcher Helligkeit erscheint unserem Auge eine Kerze, deren Wärmestrahlung doch so gering ist, dafs die von einer Kerze in 1 m Entfernung ins Auge gesandte Energie über ein Jahr lang aufgespeichert werden müfste, damit sie 1 g Wasser, also kaum einen Fingerhut voll, um 1⁰ C. erhöht.[1]) Nur die empfindlichsten Bolometer vermögen diese Energie gerade eben noch nachzuweisen!

9. Experimenteller Nachweis unsichtbarer Wärmestrahlen. Nach der obigen Erörterung haben wir wohl zu unterscheiden zwischen der objektiv vorhandenen Energie, dem »Ding an sich« aller Ätherwellen, und der vom Auge subjektiv empfundenen Helligkeit. Lange ehe ein Körper leuchtet, sendet er gleichwohl Energie in Form von Strahlen aus. Schickt man durch ein Platinblech einen elektrischen Strom, so dafs es zum Glühen erhitzt wird, und schwächt dann den Strom soweit, dafs das Platinblech nicht mehr leuchtet, so sendet es dennoch Energie aus, denn man fühlt die von ihm ausgestrahlte Wärme, wenn man die Hand nahe an das Blech hält. Um diese Wärmestrahlung zu zeigen, läfst man die Strahlen auf eine empfindliche Thermosäule fallen; dieselbe absorbiert die auffallende Wärmestrahlung und verwandelt sie in einen elektrischen Strom, dessen Vorhandensein und Stärke mit Hilfe eines Spiegelgalvanometers leicht erkannt werden kann; aus der Gröfse des Galvanometerausschlages kann man auf die Gröfse der Wärmestrahlung des Platinbleches schliefsen.

10. Trennung der Licht- und Wärmestrahlen (Absorption durch Wasser, Glas und Steinsalz). Man kann diese Versuchsanordnung auch benutzen, um die verschiedensten Substanzen auf ihre Durchlässigkeit gegenüber den Wärmestrahlen zu prüfen. Dazu läfst man die Wärmestrahlung des eben noch nicht sichtbaren Platinbleches direkt auf die Thermosäule fallen, so dafs das Galvanometer einen bestimmten Ausschlag zeigt, der zunächst bestehen bleibt; nun schaltet man verschiedene Substanzen zwischen die Thermosäule und das Platinblech ein. Bringt man einen Block aus Steinsalz in den Strahlengang, so bewegt sich der Galvanometerzeiger

---

[1]) O. Tumlirz. »Das mechanische Wärmeäquivalent des Lichtes.« Wied. Ann. Bd. 38, S. 640 bis 662, 1889. — C. C. Hutchins. »The radiant Energy of a Standard Candle.« Sill. Journ. Bd. 39, S. 392, 1890. — Knut Angström. »Das mechanische Wärmeäquivalent der Hefnerkerze.« Physik. Zeitschr. 1902 (vgl. ds. Journ. 1902, S. 790).

kaum, sobald man aber aufser dem Steinsalze noch eine
Glasplatte einschaltet, geht der Zeiger bedeutend zurück,
wenn auch noch eine geringe Ablenkung vom Nullpunkt
bestehen bleibt. Wenn man aber die Glasplatte durch einen
Trog mit Wasser ersetzt, erreicht der Zeiger seinen Nullpunkt, woraus hervorgeht, dafs Wasser die ganze vom Platinblech ausgehende unsichtbare Wärmestrahlung absorbiert.

Wasser und Glas verhalten sich also nahe wie ein wärme-
undurchlässiger Schirm aus Metall, und beide trennen die
sichtbare von der unsichtbaren Wärmestrahlung fast vollkommen.

Von der Eigenschaft des Glases, die dunklen Wärmestrahlen zu absorbieren, die Lichtstrahlen dagegen ungehindert
hindurchzulassen, machen wir bei unseren Fensterscheiben
Gebrauch.

Auf der gleichen Eigenschaft des Wassers beruht die
wärmeerhaltende Wirkung der Wolkendecke des winterlichen
Nachthimmels. Für die langen Wärmewellen undurchlässig,
verhindern die Wolken, dafs die von der Sonne tagsüber
erwärmte Erde ihre Wärme dem unendlichen Weltenraume
zustrahlt, und schützen sie so vor Wärmeverlust. Ohne ihr
feuchtes »Deckbett« verliert die Erde an sternklaren langen
Winternächten durch die Ausstrahlung zum eisigen Firma-
ment beträchtliche Wärmemengen und erfährt eine bedeutende
Abkühlung.

Genauere Versuche haben gezeigt, dafs Wasser alle Wellen
gröfser als $1 \mu = 0{,}001$ mm und Glas alle Wellen oberhalb
3μ nahe vollkommen absorbieren.

Da es Aufgabe der Physik ist, die Wärmestrahlung der
verschiedenen Leuchtsubstanzen für alle Wellen, von den
kleinsten bis zu den gröfsten, messend zu verfolgen, so sind
zur Erzeugung eines »Wärmespektrums« die Prismen aus
Glas und Wasser natürlicherweise ausgeschlossen. Aber auch
Steinsalz ist nicht vollkommen durchlässig und aufserdem
infolge seiner hygroskopischen Eigenschaften praktisch un-
bequem. Man verwendet daher neuerdings Flufsspat und
Sylvin, welche frei von Hygroskopie sind und von denen
erstere die Wellen bis 12μ, letzteres sogar bis 19μ sehr gut

hindurchlassen. Mit diesen beiden Substanzen sind die Untersuchungen von E. Pringsheim und mir angestellt worden,
über deren Ergebnisse ich hauptsächlich berichten möchte.

Beiläufig sei erwähnt, daſs es neuerdings gelungen ist,
Wärmewellen dem Experiment zugänglich zu machen, deren
Wellenlänge rund 50 μ = $^1/_{20}$ mm beträgt, also diejenige der
gelben Strahlen von 0,5 μ um das hundertfache übertreffen.[1] Diese bis jetzt bekannten längsten Wärmewellen
liegen näher an den kleinsten »elektrischen« Wellen von
2,5 mm Länge als an den kleinsten sichtbaren Wellen von
0,0004 mm Länge. Auch die zur »Telegraphie ohne Draht« verwandten elektrischen Wellen sind Ätherwellen, welche freilich meist die respektable Länge von vielen hundert Metern
haben und eine Wellenlänge von vielen tausend Metern erreichen können. Welche Mannigfaltigkeit in der Gröſse der
Ätherwellen, wenn man bedenkt, daſs auch die Röntgenstrahlen vielleicht Wärmewellen sind und die winzige Gröſse
von unter $^1/_{1000}$ μ oder ein Milliontel Millimeter besitzen.
Denn nur bei dieser Kleinheit der Wellen wäre es denkbar,
daſs die Röntgenstrahlen ungehindert durch die Zwischen-
räume zwischen den Molekülen der dichtesten Edelmetalle
hindurchschlüpfen, wo für die gröſseren Wellen geschrieben
steht: »Verbotener Durchgang!«

11. Grauglut und Rotglut.[2]

Infolge unserer Anschauung von
der Wärme als einer ungeordneten Bewegung der einzelnen
Moleküle müssen wir annehmen, daſs ein fester Körper
mindestens aber der »absolut schwarze« Körper (vgl. später § 17)
bei jeder beliebigen Temperatur, also auch schon bei Zimmertemperatur, Wellen von allen möglichen Wellenlängen, von

---

[1] H. Rubens und E. Nichols. »Versuche mit Wärmestrahlen
von groſser Wellenlänge.« Wied. Ann. Bd. 60, S. 418, 1897 und
H. Rubens und E. Aschkinaſs »Die Reststrahlen von Steinsalz und
Sylvin«. Wied. Ann. Bd. 65, S. 241 bis 256. Vergl. ferner Wied.
Ann. Bd. 67, S. 459, 1899.

[2] O. Lummer. »Über Grauglut und Rotglut.« Wied. Ann.
Bd. 62, S. 14 bis 29, 1897. Verh. Phys. Ges. Berlin Bd. 16, S. 121
bis 127, 1897.

den kleinsten bis zu den gröfsten, aussenden. Wenn uns-
gleichwohl ein Körper bei Zimmertemperatur noch nicht selbst-
leuchtend erscheint, so liegt das daran, dafs im Gehirn erst
dann die Empfindung von Licht zustande kommt, wenn die
ausgesandte Energie der sichtbaren Wellen grofs genug ist,
um den Sehnerven zu reizen. Erst bei 500⁰ C vermag ein
Körper unseren Sehnerven zu erregen. Dann »leuchtet« der
Körper und spendet aufser der Wärme auch noch »Licht«.
Man sagt, der Körper schreitet über die »Reizschwelle«. Indem Draper[1]) vor über 50 Jahren die verschiedensten Substanzen erhitzte und die Temperatur feststellte, bei der sie zu
leuchten anfangen, fand er das nach ihm benannte Gesetz,
dafs »alle festen Körper gleichzeitig bei 525⁰ C zu
leuchten beginnen und zuerst rotes Licht aussenden.«

Dieses Drapersche Gesetz galt bis in die neueste
Zeit ganz unangefochten, ohne dafs es jemals wieder einer
strengen Prüfung unterzogen worden wäre. Der Grund hierfür mag wohl darin gesucht werden, dafs, unabhängig von
Draper, unser grofser Theoretiker G. Kirchhoff[2]) das
gleiche Gesetz als Folgerung seines berühmten Satzes von der
Absorption und Emission des Lichts abgeleitet hatte.

Erst H. F. Weber[3]) lenkte die allgemeine Aufmerksam-
keit wieder den Draperschen Versuchen zu, als er den Beginn der Rotglut verschiedener Kohlefasern beobachtete, um
die Ökonomie der Glühlampen zu studieren. Bei Ausführung
dieser Beobachtungen im Dunkelzimmer bei Nacht bemerkte
er, dafs die Lichtentwickelung gar nicht mit der Rotglut beginnt, sondern dafs der Kohlefaden anfangs ein »düsternebel-

---

[1]) Draper. Amer. Journ. of Sc. (2) Bd. IV, 1847. Phil. Mag.
(3) Bd. XXX, Mai 1847. Scientific memoirs London 1878, S. 44.

[2]) G. Kirchhoff. »Über das Verhältnis zwischen dem Emissionsvermögen und dem Absorptionsvermögen der Körper für Wärme
und Licht.« Pogg. Ann. Bd. 109, S. 275 bis 301, 1860, auch Berliner
Akad. Ber., Dez. 1859.

[3]) H. F. Weber. Sitzungsber. d. Berliner Akad. d. Wissensch.
Bd. 28, S. 491, 1887. Wied. Ann. Bd. 32, S. 526, 1887.

graues« oder »gespenstergraues« Licht aussendet. »Diese
erste Spur düsternebelgrauen Lichtes erscheint
dem Auge als etwas unstät, glimmend, auf- und
abhuschend.« Während die Helligkeit dieses »Gespenster-
lichtes« mit steigender Temperatur schnell zunimmt, geht sein
Aussehen vom Düstergrau über zu Aschgrau, Gelblichgrau und
schliefslich zu Feuerrot. Erst »mit dem Auftreten dieser
ersten Andeutung des roten Lichtes verschwand die
letzte Spur des Glimmens, Hin- und Herzitterns,
welches sich bisher in allen Stadien der Grauglut
gezeigt hatte.«

Hiermit schien das Drapersche Gesetz ganz zu Falle
gebracht, zumal H. F. Weber und E. Emden[1]) feststellten,
dafs Gold schon bei 423 ⁰ C und Neusilber bei 403 ⁰ C Licht
auszusenden beginnen, während die erste Rotglut nach Draper
erst bei 525 ⁰ C einsetzt.

Bei der Deutung seiner Versuche verfällt H. F. Weber
in den Irrtum, aus rein subjektiven Erscheinungen auf die
ihnen zu Grunde liegenden objektiven Vorgänge schliefsen zu
wollen. Beide Glühzustände, die Grauglut und die Rotglut,
sind subjektive Empfindungen und sagen nichts aus über
die objektive Beschaffenheit des vom Glühkörper ausgesandten
Spektrums. Die Bedeutung der Weberschen Versuche besteht
vielmehr darin, dafs sie ein neues Licht auf die Beschaffenheit unseres Auges, speziell auf die Eigenschaften der Netzhautelemente und deren Funktionen bei der Farbenwahr-
nehmung zu werfen imstande sind. In meiner oben ange-
führten Arbeit »Grauglut und Rotglut« konnte ich zeigen, dafs
man die merkwürdige und gespensterhafte Erscheinung der
Grau- und Rotglut nur erklären kann, wenn man den beiden
lichtempfindlichen Elementen unserer Netzhaut, den Zapfen
einerseits und den Stäbchen anderseits, ganz verschiedene
Funktionen zuschreibt und sie als zwei besondere
Sehapparate auffafst, ganz in dem Sinne, wie es die
neuere Physiologie tut.

---

[1]) R. Emden. Wied. Ann. Bd. 36, S. 214 bis 236, 1889.

Beobachten wir im Dunkelzimmer die allmähliche Temperatursteigerung eines Körpers von der Zimmertemperatur bis zur Glühtemperatur, so meldet unser Auge laut meiner Ansicht einen zweimaligen Sprung, erst vom Dunkel zum Gespenstergrau (Grauglut) und später von der Grauglut zur farbigen Glut (Rotglut). In beiden Fällen entsteht der »Sprung« durch das Überschreiten der Reizschwelle unseres Sehnerven; nur die vermittelnden Organe sind in beiden Fällen andere: die Grauglut entspricht der Reizschwelle der Stäbchen, die Rotglut der Reizschwelle der Zapfen unserer Netzhaut. Demnach haben wir die Grauglut als eine Empfindung der Netzhautstäbchen und die Rotglut als die Empfindung der Netzhautzapfen aufzufassen.

13. Funktion der Stäbchen und Zapfen beim Sehen. Auf Grund der neueren physiologischen Forschungen über das Sehen bei geringer Helligkeit und den Einfluss des Sehpurpurs in den Stäbchen bei der Farbenperzeption gelang es mehr und mehr, die Wirkungsweise unserer beiden Netzhautorgane voneinander zu trennen und ihre gesonderten Aufgaben zu ergründen. Schon A. König[1] hatte das Farblossehen der Totalfarbenblinden bei jeder Helligkeit, das farblose Sehen der Farbentüchtigen bei sehr geringer Helligkeit und die Empfindung des Blau den Stäbchen zugeschrieben. J. v. Kries[2] ging weiter und löste die noch bestehenden Schwierigkeiten und Widersprüche, indem er die Hypothese aufstellte, daſs die Zapfen unseren farbentüchtigen »Hellapparat« und die Stäbchen unseren totalfarbenblinden »Dunkelapparat« bilden. Dieser Kriesschen Theorie gemäſs vermitteln die Zapfen das Sehen bei groſser Helligkeit, und ihre Erregung durch die Lichtwellen erweckt im Gehirn die Empfindung der Farbe, während die purpurhaltigen Stäbchen total farbenblind sind, erst bei sehr geringer Hellig-

---

[1] A. König. »Über den menschlichen Sehpurpur und seine Bedeutung beim Sehen.« Sitzungsber. d. Berl. Akad. d. Wissensch. S. 577, 1894.

[2] J. v. Kries. »Über die Funktion der Netzhautstäbchen.« Zeitschr. f. Psych. u. Phys. d. Sinnesorgane Bd. 9, S. 81 bis 123, 1894.

keit in Wirksamkeit treten und mit der Fähigkeit ausgestattet sind, ihre Empfindlichkeit im Dunkeln ganz bedeutend zu steigern. »Dunkeladaptation« nennt Kries diese Eigenschaft der Stäbchen. Ehe die Zapfen farbiges Licht empfinden, vermitteln die Stäbchen zum Gehirn den Eindruck farbloser Helligkeit.

Aus der Anatomie der Netzhaut[1]) unseres Auges folgt zunächst, daſs auf der Netzhautgrube oder fovea centralis (*D' C'* in Fig. 7) nur Zapfen und gar keine Stäbchen vorhanden sind,

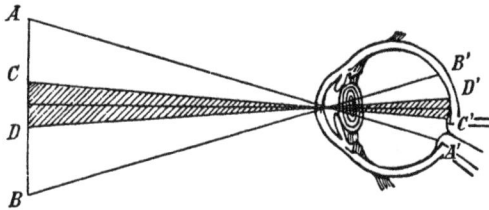

Fig. 7.

während die übrige Netzhaut sowohl Stäbchen wie Zapfen enthält, und zwar in der Anordnung, daſs nach dem Rande der Netzhaut zu die Stäbchen an Zahl die Zapfen überwiegen. Bekanntlich ist nun die Netzhautgrube die bevorzugte Stelle, mit der wir sehen, wenn wir einen Gegenstand fixieren und scharf ins Auge fassen. Beim Fixieren oder beim direkten Sehen (foveal) sind daher die Stäbchen ausgeschaltet und nur beim indirekten Sehen (peripher) treten auſser den Zapfen auch noch die Stäbchen in Tätigkeit. Hier treten also bei geringer Helligkeit die beiden Sehapparate in einen scharfen Wettstreit ein, der, wenn nur die Helligkeit gering genug ist, zu Gunsten der farbenblinden Stäbchen ausfällt, so daſs dann alles »grau in grau« d. h. in farbloser Helligkeit erscheint. Dabei besitzen die auf der Netzhautgrube befindlichen Zapfen (etwa 60 000 an der Zahl) je eine besondere Nervenleitung

[1]) R. Greef. »Die mikroskopische Anatomie des Sehnerven und der Netzhaut« aus dem Handbuch der Augenheilkunde von Graefe und Sämisch. 2. Aufl., I. Bd., V. Kap. Berlin 1901.

zum Gehirn, während die Stäbchen (etwa 120 Mill.) zu vielen gemeinschaftlich an einem Nervenstrange ziehen. Infolgedessen addieren sich natürlich bei den Stäbchen die einzelnen Wirkungen und bringen demgemäfs auch einen gröfseren Reiz hervor als die Zapfen.

13. Wettstreit der Stäbchen und Zapfen (das Purkinje-sche Phänomen). Ich will versuchen an einem Beispiel den Wettkampf der Stäbchen und Zapfen experimentell

Fig. 8.

darzutun, welches uns auch im täglichen Leben begegnet. Auf einem schwarzen Schirm werden ein rotes und ein blau-grünes Papier (Fig. 8) nebeneinander befestigt und durch die Strahlen einer Bogenlampe beleuchtet; Rot und Grün sind also gleichhell. (Die Vergleichung farbiger Felder ist übrigens eins der schwierigsten Kapitel der Photometrie.) Jetzt wird allmählich die Intensität der Beleuchtung ver-ringert, ohne aber das eine Feld vor dem anderen zu bevor-zugen. Man verwendet dazu die in Fig. 209 skizzierte Ver-suchsanordnung, bei welcher die Strahlen der Bogenlampe B durch den Kondensor C konzentriert und als enges, nahe paralleles Büschel durch die beiden grofsen Polarisations-prismen N_1 und N_2 gesandt werden. Von der bei O befind-lichen runden Öffnung m wird durch die Linse L auf dem

schwarzen Schirm *S* mit den bunten Papieren ein vergröfsertes
Abbild erzeugt. Sobald man eins der beiden Polarisations-
prismen in seiner Fassung um seine Achse dreht, wird die
Intensität der leuchtenden Öffnung *m*, also auch die ihres
Abbildes und damit die Beleuchtung beider Felder, gleichmäfsig verkleinert. In dem Mafse als die Helligkeit auf
dem Schirme allmählich abnimmt, erscheint rot dunkler als
grün, und dreht man das Polarisationsprisma weiter, so verschwindet das rote Feld fast ganz, während das blaugrüne
Feld sich noch deutlich vom schwarzen Hintergrund abhebt.

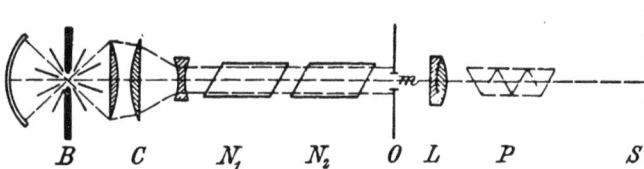

Fig. 9.

Dieses noch eben sichtbare Feld zeigt aber keine Färbung
mehr; die blaugrüne Farbe verschwunden und das farblose
»Stäbchenweifs« an ihre Stelle getreten! Jetzt sind die Zapfen
besiegt und die Stäbchen behaupten das Feld. Dement-
sprechend nimmt die »grauweifse« »düsternebelgraue« Helligkeit des blaugrünen Feldes auch zu, wenn man nicht direkt
auf dasselbe blickt, sondern vielmehr die Ränder zu fixieren
trachtet, wodurch die stäbchenreicheren Stellen der Netzhaut
getroffen werden.

Dafs Rot eher verschwindet als Blaugrün, liegt daran,
dafs die Stäbchen für Blaugrün bedeutend empfindlicher sind
als für Rot, und dafs diese Empfindlichkeit zunimmt, je länger
wir im Dunkeln verweilen. Bei noch gröfserer Schwächung
der Beleuchtungsintensität auf dem Schirme werden die Zapfen
ganz ausgeschaltet. Dann gleichen wir jenen bedauernswerten
totalfarbenblinden Geschöpfen, welche auch im hellsten Tages-
lichte alles »grau in grau« erblicken, und statt der Farbenpracht in der Natur nur Helligkeitsunterschiede wahrnehmen.

Lange ehe die Physiologen zu der vorgetragenen Anschauung von der Arbeitsteilung der beiderlei Netzhautelemente

gelangten, hatte die vergleichende Anatomie zu der Erkenntnis geführt, dafs den Stäbchen der Netzhaut die Rolle des »Sehens im Dunkeln« zufällt. Die Zoologen (Max Schultze) wufsten schon 1866, dafs die Tiere, welche wie die Eule bei Nacht auf Raub ausgehen oder wie der Maulwurf verdammt sind, ihr Dasein unter der Erde zu verbringen, auch an der Stelle des deutlichsten Sehens (an der Netzhautgrube) Stäbchen besitzen, wo wir nur Zapfen haben, und dafs es sogar Nachttiere gibt, bei denen auf der ganzen Netzhaut lediglich Stäbchen und überhaupt keine Zapfen vorhanden sind (vergl. R. Greeff (loc. cit.). »Stäbchenseher« wurden sie darum geheifsen. Und so sind auch wir im Dunkeln »Stäbchenseher« und farbenblind, so lange die vorhandenen Lichtwellen noch nicht imstande sind, die Zapfen zu reizen.

Ganz anders ist der Verlauf des Phänomens, wenn man den Versuch so einrichtet, dafs nur die Zapfen mitwirken, die Stäbchen dagegen ganz ausgeschaltet sind. Dann bleibt die Helligkeitsgleichheit beider Felder trotz Verkleinerung der Beleuchtungsstärke erhalten, und auch die Farben ändern sich nicht. Um diese neue Erkenntnis zu prüfen, braucht man nur die bunten Felder durch eine schwarze Pappe bis auf eine solche Gröfse abzublenden, dafs ihre Bilder auf der Netzhaut lediglich die Netzhautgrube bedecken und somit nur die Zapfen reizen. Hierbei zeigt sich recht eigentlich der Kampf zwischen den beiden Netzhautelementen und der Einflufs der Stäbchen beim Purkinjeschen Phänomen. Man blende die Felder ab bis auf das kleine mittlere Stück (punktiert in Fig. 8) und fixiere dasselbe, während man die Intensität der Beleuchtung allmählich schwächt. Dann behalten tatsächlich beide Felderchen bis zuletzt, d. h. bis man gar nichts mehr sieht, ihre Farben bei und bleiben gleichhell. Sobald man an diesem Punkt angelangt ist, nimmt man die abblendende Pappe fort, und fast unmittelbar tritt wieder das vorhin vorgeführte Purkinjesche Phänomen auf: Rot erscheint so dunkel wie Schwarz, und Blaugrün leuchtet hell in farblosem, mattweifsen Schimmer! — Dieses Phänomen ist zuerst von Purkinje beobachtet worden, dessen Schriften selbst ein Goethe mit dem Griffel in der Hand las.

Man kann dieses interessante Phänomen, welches erst durch die neue Sehtheorie seine Erklärung findet, besonders bequem studieren, wenn man in einer Bildergalerie verweilt, bis das Halbdunkel der Dämmerstunde hereinbricht. Dann beobachtet man, wie nach und nach die roten Farben immer mehr dem Schwarz sich nähern, während alle grünen, blauen und besonders die blaugrünen Farbentöne an Sättigung verlieren, verblassen und einen weifslichen Ton annehmen. Dann sind die Stäbchen am Werk und treiben ihr reizloses Spiel!

14. **Farblossehen des Spektrums.**[1]) Das farblose Sehen mittels der Stäbchen kann noch auf andere Weise gezeigt werden. Ersetzt man die runde Öffnung m in Fig. 9 durch einen Spalt und schaltet vor die Linse L in den Strahlengang ein geradsichtiges Prisma P (in Fig. 9 punktiert), dann entsteht das farbenprächtige Spektrum, dessen Helligkeit man beliebig verringern kann, indem man eins der Polarisationsprismen N_1 und N_2 dreht. Man dreht recht langsam, damit sich die Stäbchen an das Dunkel gewöhnen und mit den Zapfen in Konkurrenz treten können. Bald ist das blaue und rote Ende des Spektrums verschwunden, und der mittlere Teil beginnt farblos zu werden. Man schwächt die Intensität noch mehr, und tatsächlich erscheint nun das Spektrum in farbloser, mattglänzender Helligkeit. Bedient man sich statt eines zerstreuenden Prismas eines Beugungsgitters, so kann man recht eklatant auch nachweisen, dafs die gröfste Empfindlichkeit der Zapfen (also im hellen Spektrum) bei Gelbgrün, diejenigen der Stäbchen (also im farblosen Dunkelspektrum) aber bei Blaugrün liegt.

---

[1]) Hillebrand (mit Vorbemerkungen von E. Hering) ›Über die spezifische Helligkeit der Farben.‹ Sitzgsber. d. Wien. Akad. Math.- naturw. Kl. 98, Abt. 3, S. 70, 1899. Übrigens ist die Farblosigkeit des Spektrums bei geringer Helligkeit schon von W. v. Bezold im Jahre 1873 beobachtet worden. In der betreffenden Arbeit (Pogg. Ann. Bd. 150, S. 71, 1873) sagt Bezold wörtlich, dafs man bei völlig ausgeruhtem Auge die Fraunhoferschen Linien von D bis F noch lange als dunkle Linien auf mattweifslichem Grunde erblickt. Und vor Bezold hat schon Brewster 1850 darauf hingewiesen, dafs in jedem Punkte des Spektrums sich weifses Licht befindet.

15. Gespensterselien. Das »Gespenstische« des Stäbchen-
sehens tritt erst ein, wenn man eine genügend kleine Fläche
betrachtet, deren Netzhautbild an Ausdehnung höchstens gleich
der Stelle des deutlichsten Sehens, der Netzhautgrube, ist und
deren Helligkeitssteigerung man im Dunkeln von Null an verfolgt. Am besten bedient man sich dazu eines elektrisch geglühten Platinblechs, welches man durch ein Diaphragma
begrenzt und dessen Lichtentwickelung man mit gut ausgeruhtem Auge im Dunkeln verfolgt. Hat das Platinblech die
Temperatur von etwa 400° C erreicht, so werden zunächst
nur die Stäbchen des im Dunkeln umherirrenden Auges erregt und im Gehirn wird die Empfindung **farbloser** Helligkeit (Grauglut) ausgelöst. Gewöhnt, das zu fixieren, was uns
»Licht« zusendet, wenden wir unser Auge in die Richtung,
von der wir glauben, daſs die Lichtstrahlen gekommen sind.
Da aber die Zapfen noch nicht in Erregung geraten, sendet
die Netzhautgrube auch keine Lichtmeldung zum Gehirn, also
können wir auch die »fixierte« Stelle nicht sehen! Es tritt
hier somit der merkwürdige Zustand ein, daſs wir etwas sehen,
was wir nicht fixieren, während es unsichtbar wird, wenn
wir es näher ins Auge fassen wollen. Und da wir beim
direkten Sehen nichts sehen können, so bewegen wir unwill-
kürlich unser Auge weiter, wodurch die Strahlen wiederum
auf indirekte Netzhautstellen fallen; wiederum erhalten wir
den Eindruck von Licht, und von neuem beginnt die Suche
nach dem Orte, von wo das merkwürdige Licht kommt. So
entsteht in uns der Eindruck eines Lichtes, welches hin- und
herhuscht, bald vorhanden ist, dann wieder entflieht und
uns gleich einem »Irrlicht« neckt. Erst wenn die Helligkeit
so groſs geworden ist, daſs auch die Zapfen erregt werden
und dem Gehirn »Licht« zu melden imstande sind, schwindet
dieser ungewohnte Zustand; dann sehen wir das, was wir
fixieren, ganz wie wir es gewöhnt sind, und das Gesehene
flieht nicht mehr unserem prüfenden Blick. Dies tritt beim
Glühen erst ein, sobald der Körper die Temperatur der »Rotglut« (etwa 500° C) erreicht hat; erst dann werden die Zapfen
erregt, und wir empfinden auſser der Helligkeit auch noch
»Farbe«.

Die Farbe dieser sogenannten Rotglut hängt nicht
unwesentlich ab von der Größe der getroffenen Netzhaut·
fläche. Bei dem Wettstreit beider Sehapparate, ihre gesonderten Meldungen im Gehirn zur Geltung zu bringen, die
Stäbchen die farblose, die Zapfen die farbige Empfindung,
wird eine Verschmelzung beider Empfindungen zustande
kommen, so daß die erste farbige Glut stets einen wenig ge-
sättigten, weißlichen Ton annehmen wird und erst später ins
Feuerrot übergehen dürfte, ganz wie es H. F. Weber beobachtet hat.

Auch dieses »gespensterhafte« Sehen kann man ohne
alle Apparate beobachten, freilich nur im Dunkel der Nacht;
wer jemals während einer schlaflosen Stunde in dunkler Mitter-
nacht seinen Gedanken nachzuhängen gezwungen ist, kann
die Gelegenheit benutzen, um das von mir Gesagte zu prüfen.

Selten ist selbst bei gut schließenden Läden das Schlaf·
zimmer absolut dunkel, und leicht kann es sich ereignen, daß
ein eindringender Lichtstrahl seine Spuren an der Wand
zeichnet. Wir erwachen, und wie merkwürdig, das Deckbett, der weiße Ofen und alle helleren Objekte erscheinen
in einem magischen, weißlichen Lichtglanz. Denn das
»Stäbchenweiß« hat so gar nichts Ähnliches der Weißempfin-
dung der Zapfen im Tageslicht. Plötzlich bemerken wir den
hellen Fleck auf der Wand, und um ihn näher zu betrachten,
richten wir unsern Blick dorthin. Aber so sehr wir uns auch
bemühen, es will uns nicht gelingen, die Umrisse genauer
zu erkennen, da der Fleck unserm Blicke flieht und im Kreise
sich zu drehen scheint. Jetzt endlich haben wir ihn gebannt
— und im selben Moment ist er ganz verschwunden, um an
der benachbarten Stelle wieder hervorzubrechen. Ein Geräusch
gesellt sich zu diesem neckischen Spiel, und die Vorstellung
von einem »Gespenst« wird nur zu leicht die halb wachen-
den, halb schlafenden Sinne vollends gefangen nehmen!

**16. Das Kirchhoffsche Gesetz von der Absorption und Emission des
Lichtes.**[1]) Kehren wir vom Gespenstersehen zur Wirklichkeit

---

[1]) G. Kirchhoff, loc. cit. ds. Journ. Nr. 17, S. 327, Anmerkung 4.

zurück und sehen zu, welchen Verlauf die Lichtentwicklung und
Strahlung nimmt, wenn einmal die Grauglut überschritten und
die Rotglut erreicht ist. Dann nimmt die Helligkeit bei ge-
steigerter Temperatur schnell zu und die Rotglut geht allmählich
über in Weifsglut. Eine spektrale Zerlegung des ausgesandten
Lichtes lehrt, dafs hierbei zu den langwelligen roten Strahlen sich
sukzessive die kurzwelligeren gelben, grünen und blauen Strahlen
gesellen, durch deren Zusammenwirken bekanntlich die Vorstellung »weifsen« Lichtes entsteht. Gerade diese kompli-
zierte Theorie Newtons, dafs Weifs aus der gleichzeitigen
Einwirkung aller Farben entstehen sollte, wollte dem künst-
lerischen Sinn Goethes nicht einleuchten, welcher Weifs
als eine einfache Empfindung, die Farbe dagegen als das
kompliziertere aufgefafst wissen wollte. Diese Weifsempfindung
der Zapfen ist, wie schon erwähnt, grundverschieden von der
Weifsempfindung der Stäbchen im Dunkeln, welche nur in
Bezug auf die Helligkeit variieren kann, sonst aber ihren
Charakter beibehält. Ganz anders verhält sich die gewöhnliche Weifsempfindung. Wir nennen ein Papier weifs, welches
von der Sonne beleuchtet ist, und nennen es weifs, auch wenn
es von der Kerze beschienen wird — freilich nur so lange,
als beide Weifsempfindungen nicht direkt miteinander vergleichbar sind. In diesem Falle erscheint das von der Kerze
beleuchtete Papier gelblich und das von der Sonne bestrahlte
bläulich. Ähnlich wie die Sonne wirkt das Licht der Bogenlampe. Je höher temperiert ein fester Körper ist, um so
mehr blaue Strahlen mischen sich zu den langwelligeren roten,
um so »weifser« ist sein Licht und um so gröfser seine Helligkeit. So bieten sich schon durch die gewöhnliche Erfahrung
zwei, allen festen Körpern gemeinsame Strahlungseigenschaften dar:

1. Die Strahlungsenergie (Helligkeit) steigt
mit der Temperatur des glühenden Körpers rasch an.

2. Die spektrale Verteilung der Energie (Farbe)
ändert sich mit der Temperatur so, dafs bei Er-
höhung der Temperatur die Intensität der kürzeren
Wellen (Violett) schneller zunimmt als die der
längeren Wellen (Rot).

Aber erst genauere quantitative Messungen waren erforderlich, um die Unterschiede im Strahlungscharakter der
verschiedenen festen Körper nachzuweisen und zahlenmäfsig
festzustellen. Diese Aufgabe der Strahlungstheorie ist erst als
gelöst zu betrachten, wenn für alle Körper bekannt ist, wie
sich die Strahlungsenergie von Wellenlänge zu
Wellenlänge und für jede Wellenlänge mit der
Temperatur ändert. Bei der grofsen Zahl der in Betracht kommenden Substanzen wäre diese Aufgabe kaum lös-
bar, wenn nicht Gesetzmäfsigkeiten aufgefunden worden
wären, welche die verschiedensten Strahlungskörper um-
fassen und so die grofse Mannigfaltigkeit der Körperwelt
allgemeineren Prinzipien unterordneten. Das oberste dieser
allumfassenden Gesetze ist das Kirchhoffsche »Gesetz
von der Absorption und Emission des Lichtes«, bekannt
durch die weittragende Bedeutung, welche es für die Kenntnis der Sonne und Fixsterne erlangt hat. Dieses Gesetz sagt
zunächst aus, dafs ein Körper bei jeder Temperatur
vorzugsweise diejenigen Wellensorten aussendet
(emittiert), welche er bei der gleichen Temperatur
verschluckt (absorbiert).

Übertragen wir dieses Gesetz auf die durch Temperatursteigerung leuchtend gewordenen Körper, so lehrt dasselbe,
dafs bei noch so hoher Temperatur alle die Körper nicht
leuchten, welche bei dieser Temperatur die Lichtstrahlen un-
geschwächt hindurchtreten lassen oder sie reflektieren, anstatt
sie zu verschlucken. Hierin liegt die Erklärung dafür, dafs
die durchsichtigen Gase der Bunsen- und Knallgasflamme
trotz ihrer grofsen Hitzeentwickelung nicht leuchten, während
die stark absorbierende Kohle schon bei relativ niedriger
Temperatur weifses Licht, d. h. alle Lichtstrahlen aussendet.

Ferner aber sagt unser Gesetz, dafs, wenn ein Körper nur
eine ganz gewisse Strahlensorte absorbiert, er im Glühzustande
auch diese Farbe vorzugsweise aussendet und umgekehrt.
Tatsächlich gibt es Körper, welche in Dampfform nur einige
wenige Strahlensorten emittieren und daher gefärbt erscheinen.
Die sogenannten bengalischen Flammen gehören hierher, ferner
die gelbgefärbte Natriumflamme, welche entsteht, wenn man

4

metallisches Natrium in der nichtleuchtenden Bunsenflamme erhitzt. Diese Flamme sendet im wesentlichen nur Licht der
Wellenlänge 0,589 μ aus, also müfste sie nach dem Kirchhoffschen Gesetze auch notwendig diese gelbe Farbensorte
vorzugsweise absorbieren, die anderen Farben aber unge-
schwächt hindurchlassen. Um diese Folgerung experimentell
zu verifizieren, benutzt man die in Fig. 9, S. 43 skizzierte
Versuchsanordnung und entwirft ein farbenprächtiges Spektrum auf einem Schirm. Bringt man nun in den Strahlengang
kurz vor das geradsichtige Prisma die intensiv leuchtende
Natriumflamme, so sieht man, dafs tatsächlich die gelben
Strahlen der Bogenlampe beim Durchgang durch die gelbe
Flamme geschwächt werden, insofern da im Spektrum eine
dunkle Linie entsteht, wo vorher die gelben Strahlen der
Bogenlampe hinfielen. Sobald die Natriumflamme erlischt,
verschwindet auch die dunkle Absorptionslinie im gelben Teile
des Spektrums, und die Farben gehen von Rot zu Blau kon-
tinuierlich ineinander über.

Aus der Lage der Absorptionslinie kann man auf die Welle
der emittierten Strahlen schliefsen. Diese Identität führte
dazu, aus den dunklen Linien im Sonnenspektrum (Fraunhoferschen Linien) auf die in der Sonne leuchtenden Substanzen zu schliefsen und wahrscheinlich zu machen, dafs die
Sonne aus einem weifsglühenden Kern besteht, welcher von
glühenden Dämpfen fast aller irdischen Stoffe umgeben ist.
Befindet sich z. B. Natrium in Dampfform auf der Sonne,
dann müssen notwendig die gelben Strahlen des Sonnenkernes
beim Durchgang durch den Natriumdampf geschwächt werden,
und es entsteht im Sonnenspektrum eine dunkle Linie an derselben Stelle (bei $\lambda = 0,589 \mu$), wie bei unserem Experiment.

Dies ist tatsächlich der Fall. Es war die Aufgabe der
Spektralanalyse, die verschiedenen dunklen Linien im Spektrum
mit bekannten Emissionslinien irdischer Stoffe zu identifizieren,
um die auf der Sonne leuchtenden Substanzen ausfindig zu
machen. Wir wissen heute, dafs in der Sonnenatmosphäre
fast alle irdischen Substanzen in Gasform vorhanden sind, und
dürfen weiter vermuten, dafs der glühende Sonnenkern die-

jenige Temperatur noch überschreitet, welche den in der Sonne leuchtenden Gasen zukommt.

Ich sage »vermuten«, da gerade bei der Temperatur-bestimmung aus der Umkehrung der Spektrallinien nicht vorsichtig genug vorgegangen werden kann. Mit Hilfe des Kirchhoffschen Gesetzes darf man Schlüsse auf die Temperatur von farbigen Flammen oder »umkehrenden« Strahlenquellen nur ziehen, wenn die Lichtemission eine Folge der reinen Temperaturstrahlung und jede Lumineszenz ausgeschlossen ist. Nun scheint aber namentlich nach Versuchen meines Freundes E. Pringsheim[1]) das Leuchten der Dämpfe und Gase, welche Linienspektra aussenden, mehr eine Folge der Lumineszenz, sei es Chemi- oder Thermo-Lumineszenz, zu sein, als der reinen Temperaturstrahlung anzugehören. Auch lehren die neueren Versuche über die »Homogenität« der Spektrallinien, daß diese meist noch aus einer ganzen Anzahl von Linien zusammengesetzt sind.[2]) Je homogener aber die Strahlung wird, um so mehr entfernt sie sich von der reinen Temperaturstrahlung, für welche allein das Kirchhoffsche Gesetz gilt. Es dürfte daher auch nicht erlaubt sein, aus der Helligkeit der von den Fixsternen ausgesandten Spektrallinien auf die Temperatur der Fixsterne zu schließen, wie es mehrfach geschehen ist. Gerade auf dem Gebiete also, auf dem das Kirchhoffsche Gesetz die glänzendsten Früchte gezeitigt hat, ist nach unserer heutigen Anschauung seine quantitative Anwendung nicht erlaubt. Um so größer erscheint uns heute die »strahlungstheoretische« Bedeutung dieses Gesetzes für die Strahlung der Körper mit kontinuierlichem Spektrum oder die reine Temperaturstrahlung.

---

[1]) Siehe E. Pringsheim. »Sur l'émission des gaz.« Rapports Congr. Intern. Bd. II, S. 100 bis 132. Paris. Gauthier-Villars. 1900.

[2]) O. Lummer. »Eine neue Interferenzmethode zur Auflösung feinster Spektrallinien.« Verhandlungen d. Deutsch. Phys. Ges. Bd. III, S. 85 bis 98, 1901, und Phys. Zeitschr., November 1901. — O. Lummer und E. Gehrcke. »Über den Bau der Quecksilberlinien u. s. w.« Berl. Akad. Ber., Febr. 1902; Wied. Ann. 1903.

17. **Der absolut schwarze Körper** (die strahlungstheoretische Bedeutung des Kirchhoffschen Satzes).
Über der Fruchtbarkeit, welche das Kirchhoffsche Gesetz
für die Spektralanalyse mit sich brachte, vergaß man nur zu
lange seine strahlungstheoretische Bedeutung, deren Größe
und Tragweite erst neuerdings in ihrer ganzen Fülle erkannt
worden ist.

Bedeuten E_1, E_2, E_3 u. s. w. die Emissionsvermögen der
Körper 1, 2, 3 u. s. w. und A_1, A_2, A_3 u. s. w. die zugehörigen
Absorptionsvermögen, bezogen auf die gleiche Wellenlänge
und Temperatur, so gilt zunächst:

$$\frac{E_1}{A_1} = \frac{E_2}{A_2} = \frac{E_3}{A_3} \dots = \text{const.} \quad \dots \quad (1$$

wo das Absorptionsvermögen als der Bruchteil der auffallenden
Strahlung definiert ist, welcher wirklich **absorbiert**, also
weder reflektiert, noch hindurchgelassen wird. Wir wollen
allgemein die Emission eines beliebigen Körpers für die
Welle λ mit E_λ und sein Absorptionsvermögen für die gleiche
Welle und die gleiche Temperatur mit A_λ bezeichnen, dann
erhalten wir also die Beziehung:

$$\frac{E_\lambda}{A_\lambda} = \text{const.} \quad \dots \quad \dots \quad (2$$

Unsere Gleichungen sagen also aus: »Das Verhältnis von
Emissions- und Absorptionsvermögen, bezogen
auf die gleiche Wellenlänge und die gleiche Temperatur, ist für alle Körper dasselbe.«

Erst durch die exakte Formulierung und die mathema-
tische Begründung für jede einzelne Wellenlänge wurde der
schon vor Kirchhoff bekannte Satz von der Konstanz des
Verhältnisses der Emission und Absorption zu einem physikalischen Gesetz erhoben. Die eigentliche strahlungstheoretische Bedeutung erhält das Gesetz aber erst durch
die Definition und Festlegung der Konstanten, insofern dadurch die ganze Körperwelt zu dem »absolut schwarzen«
Körper in Beziehung gesetzt wird. Beim Beweis seines Satzes
führt nämlich Kirchhoff die Definition des absolut schwarzen
Körpers ein, »welcher alle Strahlen, die auf ihn

fallen, vollkommen absorbiert, also Strahlen weder reflektiert, noch hindurchläfst«. Ist S_λ das Emissionsvermögen des wenigstens »denkbaren« vollkommen schwarzen Körpers und bedeuten E_λ und A_λ das Emissions- und das Absorptionsvermögen eines beliebigen Körpers, bezogen auf die gleiche Wellenlänge und die gleiche Temperatur, so lautet das Kirchhoffsche Gesetz in seiner allgemeinen Form:

$$\frac{E_\lambda}{A_\lambda} = S_\lambda \quad \cdots \cdots \quad (8$$

Der Kirchhoffsche Satz sagt also nicht nur aus, dafs das Verhältnis von Emission und Absorption $\dfrac{E_\lambda}{A_\lambda}$ aller Körper bei ein- und derselben Temperatur konstant sei, sondern ferner, dafs der Wert dieser Konstanten stets gleich dem Emissionsvermögen des schwarzen Körpers für die gleiche Temperatur und Wellenlänge ist.

Hierdurch sind also die Strahlungsgesetze aller Körper, soweit sie infolge der Temperatur strahlen, auf dasjenige des vollkommen schwarzen Körpers zurückgeführt. Ist dieses bekannt, so braucht man nur die Absorptionsvermögen der übrigen Körper zu bestimmen, um auch deren Strahlungsgesetze kennen zu lernen. Kirchhoff spricht es auch aus, dafs das Gesetz der schwarzen Strahlung unzweifelhaft von einfacher Form ist, wie alle Funktionen es sind, die nicht von den Eigenschaften einzelner Körper abhängen, und fügt hinzu, dafs erst, wenn auf experimentellem Wege dieses Gesetz gefunden sei, die ganze Fruchtbarkeit seines Satzes sich zeigen werde.

Wir dürfen heute mit Stolz behaupten, dafs der Wunsch Kirchhoffs in Erfüllung gegangen ist, insofern durch die neueren Strahlungsarbeiten uns heute die Gesetze der »schwarzen Strahlung« so gut wie vollkommen bekannt sind; durch die Kenntnis von S_λ für alle Temperaturen ist das Kirchhoffsche Gesetz aber gleichsam aus einem qualitativen zu einem quantitativen erhoben worden.

18. Verwirklichung des schwarzen Körpers. Um das Strahlungsgesetz des schwarzen Körpers zu bestimmen, war es

freilich notwendig, vorher die von Kirchhoff definierte schwarze Strahlung dem Experimente zugänglich zu machen. Bis in die neueste Zeit hinein bemühte man sich vergeblich, dieses hohe Ziel zu erreichen.

Wohl hat man versucht, sich indirekt an das Gesetz der schwarzen Strahlung heranzupürschen, indem man die Körper nach ihrer »Schwärze« ordnete und aus dem Verhalten der verschiedensten Strahler auf dasjenige des schwarzen Körpers extrapolierte.[1]) Diesen und den meisten früheren Arbeiten kommt aber nur noch ein historischer Wert zu, nachdem es gelungen ist, den schwarzen Körper zu verwirklichen und dem Experimente bis zu den höchsten Temperaturen zugänglich zu machen.

Laut Definition soll dieser ideale Körper Wellen weder reflektieren, noch hindurchlassen, also die ganze auffallende Energie verschlucken und in Wärme umsetzen. Einen solchen Körper gibt es in der Natur schlechterdings nicht, da jeder Körper mehr oder weniger alle Wellen reflektiert. Freilich kommen einzelne Substanzen, wie Kohlenruſs und Platinmoor der Definition des schwarzen Körpers schon sehr nahe, da sie die sichtbaren Wellen fast gar nicht reflektieren (daher wir sie als schwarz bezeichnen) und auch die langen Wärmewellen noch recht gut absorbieren. Nur haben diese Substanzen den groſsen Fehler, daſs sie keine hohen Temperaturen aushalten, da Ruſs bei etwa 400° C. verbrennt und Platinmoor bei etwa 600° C. sich in blankes Platin umwandelt. Blankes Platin und alle edlen Metalle sind aber weit davon entfernt, wie der schwarze Körper zu strahlen. Um diese zu besseren Strahlern zu machen, überzieht man sie mit unverbrennlichen Substanzen, wie Eisenoxyd, Uranoxyd u. s. w., welche die Wellen in geringerem Maſse reflektieren und darum besser emittieren. Denn bei allen undurchsichtigen Substanzen, wie Platin u. s. w., gilt:

$$A_\lambda = 1 - R_\lambda,$$

---

[1]) F. Paschen. »Über Gesetzmäſsigkeiten in den Spektren fester Körper u. s. w.« Götting. Nachr. Nat. Phys. Kl. 1895, Heft 3. Wied. Ann. Bd. 58, S. 455 bis 492, 1896, und Wied. Ann. Bd. 60, S. 662 bis 723, 1897.

wenn man mit R_λ das Reflexionsvermögen oder den Bruchteil
der auffallenden Energie bezeichnet, welcher zurückgeworfen
wird. Ist für einen Körper $R_\lambda = 0{,}9$, d. h. werden $^9/_{10}$ der
ankommenden Strahlungsmenge reflektiert, so ist $A_\lambda = 0{,}1$
und demnach beträgt auch seine Emission

$$E_\lambda = 0{,}1\ S_\lambda$$

nur $^1/_{10}$ derjenigen des schwarzen Körpers. Um also der
schwarzen Strahlung nahe zu kommen, muſs man Stoffe
wählen, für welche R_λ nahe gleich Null und demnach $A_\lambda = 1$,
oder $E_\lambda = S_\lambda$ wird.

Zur Illustration dieser Folgerung kann man sich wieder
des elektrisch geglühten Platinblechs bedienen, welches zunächst
längs seiner ganzen Oberfläche gleichmäſsig glüht und gleichhell erscheint. Unterbricht man den Heizstrom, zieht auf
dem erkalteten Blech mit Feder und Tinte einige Striche
und schlieſst den Strom wieder, so verdampft die wässerige
Feuchtigkeit, und es bleibt ein Belag von Eisenoxyd zurück;
erhitzt man nun das Blech so hoch, daſs es leuchtet, so
bietet sich eine unerwartete Erscheinung
dar: Die Tintenstriche leuchten
heller als das blanke Platinblech!
Und diese Flammenschrift bleibt auch noch
bei hoher Weiſsglut des Platinblechs weithin
sichtbar. Welch merkwürdiger Widerspruch!
Im kalten Zustande erscheinen die Tintenstriche dunkler als das blanke Blech, im
Glühzustand erscheinen sie heller, obwohl
die Temperatur längs der ganzen Platinober-
fläche die gleiche ist, wie eine Betrachtung
der Rückseite zeigt, welche überall gleichhell
erscheint. Nur in der Strahlungseigenschaft
des Eisenoxyds muſs also die erhöhte Emission begründet sein und zwar durch das
erhöhte Absorptionsvermögen infolge ge-
ringeren Reflexionsvermögens. Und so erscheint ein Körper im Glühzustande um

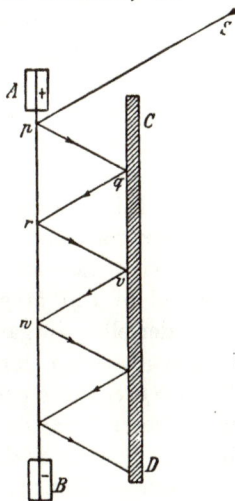

Fig. 10.

so heller, je mehr er absorbiert, je »dunkler« er im allgemeinen dem Auge bei gewöhnlicher Zimmertemperatur

erscheint. Freilich darf nur aus der Absorption im Glühzustande auf seine Emission im gleichen Glühzustande ge-
schlossen werden. Von allen Körpern muſs demnach der
»schwarze Körper« nach Kirchhoff, oder der absorbierende
Körper par excellence, am hellsten leuchten, worauf wir
nachher noch ausführlicher zu sprechen kommen werden.

Um den vollkommen absorbierenden »schwarzen« Körper zu
erhalten, muſs man einen indirekten Weg einschlagen und
auf künstliche Weise bewirken, daſs alle auffallende Strahlung
absorbiert ($A_\lambda = 1$) und das Reflexionsvermögen (R_λ) scheinbar
gleich Null wird.

Die Lösung dieser Aufgabe ist sogar relativ recht einfach: Man braucht nur dafür zu sorgen, daſs die vom
Körper durch Reflexion zerstreute Energie ihm wieder
zugute kommt, etwa durch Spiegelung an einem voll-
kommenen Spiegel. Es lassen sich verschiedene Methoden
verwenden, um gleichsam das Reflexionsvermögen eines Körpers wenigstens in einer Richtung zu unterdrücken. Der
theoretisch einfachste ist folgender: Man stellt der elektrisch
heizbaren Platinfläche AB (Fig. 10) eine spiegelnde Wand
CD gegenüber, welche möglichst vollkommen reflektiert.
Es sei CD ein dicker, hochpolierter Silberspiegel; dann ist
klar, daſs ein bei p längs Sp auffallendes Strahlenbüschel
vom Platinblech nur zum Teil absorbiert wird, während der
andere Teil längs pq gespiegelt und bei q vom Silberspiegel
längs qr vollkommen reflektiert wird. Von diesem Büschel
wird bei r wiederum ein Teil vom Platin absorbiert, während
der andere Teil längs rvw gespiegelt wird. Hier wiederholt
sich derselbe Vorgang wie bei r und p u. s. w., bis nach
genügend vielen inneren Reflexionen schlieſslich die ganze
längs Sp eingetretene Energie vom Platin absorbiert worden
ist. Dieser Vorgang findet statt, auch wenn das Platinblech
beliebig hoch erhitzt wird, also muſs gemäſs dem Kirchhoffschen Gesetz auch umgekehrt längs pS die
maximale oder »schwarze« Strahlung austreten!
So läuft die Verwirklichung der schwarzen Strahlung auf die
Lösung der einfachen Aufgabe hinaus, Anordnungen zu treffen,
bei denen auf möglichst einfache Weise die durch Spiegelung

im allgemeinen zerstreute Energie dem strahlenden Körper
dem ganzen Betrag nach wieder zugeführt wird.

Eleganter und praktisch einfacher ist die folgende Anordnung, deren wir uns bei unseren Versuchen tatsächlich
bedient haben.

Man denke sich aus blankem Platin eine Hohlkugel
ABG (Fig. 11) geformt, welche bei AG eine kleine Öffnung
besitzt. Dann wird ein durch diese längs Sp eintretendes
Strahlenbüschel beliebiger Wellenlänge im Innern mehrmals
bei p, q, r u. s. w. reflektiert und dadurch vollkommen verschluckt, ehe es die Öffnung wieder erreichen würde. Für
die Richtung Sp ist der spiegelnde Hohlraum demnach ein
schwarzer, da $A_\lambda = 1$ ist, also muß auch umgekehrt längs pS
die schwarze Strahlung austreten und zwar von derjenigen Temperatur, welche die Hohlkugel gerade besitzt.

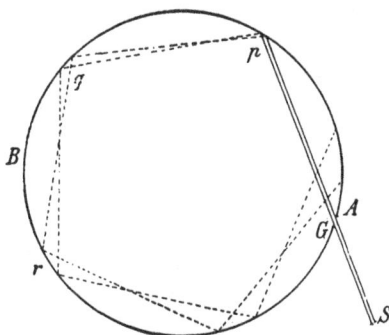

Fig. 11.

Für weniger schiefe Einfallsrichtungen ist die Absorption eine
geringere, also ist auch die Emission für diese kleiner als die
des schwarzen Körpers. Man erhält eine günstigere Versuchsanordnung, wenn man die innere Oberfläche der Halbkugel
schon an und für sich möglichst absorbierend macht, indem
man sie mit Eisenoxyd, Uranoxyd oder für niedere Temperaturen mit Ruß und Platinmoor überzieht. Infolge der
diffusen Reflexion dieser Substanzen sendet die Öffnung
des Hohlraums dann nach allen Seiten nahe die schwarze

Strahlung aus, gleichsam als ob sie mit idealer, schwarzer
Masse belegt wäre!

Freilich ist bei dieser Art der Verwirklichung des schwarzen
Körpers unerläfsliche Bedingung, dafs die Platinkugel an
allen Stellen die gleiche Temperatur hat. Erhitzt man also
»eine mit einer kleinen Öffnung versehene Hohlkugel auf eine überall gleichmäfsige Temperatur,
so dringt aus der Öffnung die dieser Temperatur
entsprechende schwarze Strahlung«.[1])

Dieser von W. Wien und mir eingeschlagene Weg erlaubte zum ersten Male die Verwirklichung der schwarzen
Strahlung und zwar mit nahezu theoretischer Vollkommen-
heit. Es ist merkwürdig, dafs man fast 40 Jahre brauchte,
ehe man zur Verwirklichung der schwarzen Strahlung ge-
langte, wenn man bedenkt, dafs er in einer Folgerung implizite
enthalten ist, die schon Kirchhoff aus seinem Gesetze
gezogen hat. Wegen ihrer Wichtigkeit werde sie wörtlich
angeführt. Sie lautet: »Wenn ein Raum von Körpern
gleicher Temperatur umschlossen ist, und durch
diese Körper , keine Strahlen hindurchdringen
können, so ist ein jedes Strahlenbündel im Innern
des Raumes seiner Qualität und Intensität nach
gerade so beschaffen, als ob es von einem vollkommen schwarzen Körper derselben Temperatur
herkäme, ist also unabhängig von der Beschaffenheit und Gestalt der Körper und nur durch die
Temperatur bedingt.«

Von dieser Folgerung zur Verwirklichung des schwarzen
Körpers war es ein nur winziger Schritt, den aber selbst der
Begründer der Hohlraumtheorie übersehen hat, wiewohl er
von ihm mit Recht einen grofsen Fortschritt erwartete.

---

[1]) W. Wien und O. Lummer. »Methode zur Prüfung des
Strahlungsgesetzes absolut schwarzer Körper.« Wied. Ann. Bd. 56,
S. 451 bis 456, 1895. — O. Lummer. »Über die Strahlung des
absolut schwarzen Körpers und seine Verwirklichung.« Naturw.
Rundschau, Bd. 11, S. 65 bis 68, 82 bis 83, 93 bis 95. 1895. —
»Geschichtliches zur Verwirklichung der schwarzen Strahlung.«
Arch. f. Math. u. Phys. Bd. II, S. 164, 1901.

19. Experimentelle Verwirklichung der schwarzen Strahlung von — 180⁰ C bis über 2000⁰ C: Zur Verwirklichung des schwarzen Körpers bedienten wir uns für niedere Temperaturen doppelwandiger Gefäße, deren Zwischenraum durch den Dampf siedenden Wassers, durch Eis, feste Kohlensäure, flüssige Luft etc. auf überall gleichmäßiger Temperatur erhalten wurde. Das innere Gefäß diente als Strahlungsraum und kommunizierte durch ein Rohr mit der äußeren Luft. Auf diese Weise erhält man die schwarze Strahlung innerhalb der Temperaturen von 100⁰ bis — 180⁰ C.

Zur Erreichung höherer Temperaturen war man auf Salpeterbäder angewiesen, welche bei etwa 230⁰ C beginnen und bestenfalls noch bei 700⁰ C anwendbar sind. Darüber hinaus mußte man zum Chamotteofen greifen, der vermittelst Kohle- oder Gasfeuerung geheizt wird. Abgesehen davon, daß man über eine Temperatur von 1400⁰ C kaum hinauskommt, stellen sich bei dieser Art der Feuerung zwei wesentliche Schwierigkeiten ein.

Einmal ist es, wie erwähnt, selbst mit Hilfe eines doppelwandigen Chamotteofens unmöglich, im strahlenden Hohlkörper eine vollkommen gleichmäßige Temperaturverteilung zu erreichen; ferner verursacht die intensive Gasfeuerung mancherlei Übelstände und bringt starke Temperaturschwankungen mit sich, die zumal bei Messungen im Spektrum sehr störend auf die empfindlichen bolometrischen wie galvanometrischen Meßapparate einwirken.

Diese Übelstände sind beseitigt durch die Konstruktion des in Fig. 12 abgebildeten »elektrisch geglühten« schwarzen Körpers. Wie schon der Name andeuten soll, dient bei diesem schwarzen Körper der elektrische Strom als Heizquelle. Ein etwa 0,01 mm dickes Platinblech wird zu einem Zylindermantel von 4 cm Durchmesser und 40 cm Länge geformt, indem die Bänder des Bleches im Knallgasgebläse zusammengeschweißt werden. Damit die Stromlinien parallel der Zylinderachse verlaufen, sind an die Enden des Platinzylinders ringsum dickere Platinbleche angeschweißt. An diese dickeren Rohransätze sind die Zuleitungsbleche b (Fig. 14) geschweißt, die zu den Klemmbacken *a* des Stativs führen, denen der elektrische Strom durch dicke Kabel zugeführt wird (Fig. 13).

In diesen Heizmantel aus dünnem Platinblech paſst eng anschlieſsend das innere der beiden in Fig. 12 gezeichneten Rohre aus schwer schmelzbarer Masse, welches die schwarze Strahlung liefern soll.

Dieses von der Kgl. Porzellanmanufaktur in Charlottenburg hergestellte Rohr von 2 mm Wandstärke trägt fest eingebrannt in seiner Mitte eine Querwand und eine Reihe von Diaphragmen, welche den Strahlungsraum vor allzu starker Abkühlung durch die eindringende Luft schützen sollen. Die Querwand 7 hat zwei Löcher, durch welche die Drähte des Le Chatelierschen Thermoelementes eingeführt werden, dessen Lötstelle *E* sich im Strahlungsraum nahe der Querwand befindet. Die Diaphragmen *a*, *b*, *c* und *d* tragen Porzellanröhrchen, und diese enthalten die Drähte des Elements.

Das Innere des Strahlungsrohres ist mittels einer Mischung aus Chrom-Nickel- und Kobaltoxyd geschwärzt, welche Schwärzung selbst Temperaturen über 1500^0 C standhält.

Der Platinheizmantel ist so viel länger als das Strahlungsrohr, daſs das hintere Ende flach zusammengedrückt, das vordere Ende aber konisch verjüngt werden kann, um noch gerade der aus dem vordersten engsten Diaphragma 1 austretenden Strahlung freien Durchgang zu gestatten (vgl. Fig. 12).

Zum Schutz gegen den Wärmeverlust durch Ausstrahlung ist über das Platinrohr an beiden Enden eng anliegend je ein Ring *R* (Fig. 12) geschoben und über diese Ringe wiederum ein passendes Rohr aus feuerfester Masse, so daſs zwischen beiden Rohren ein Hohlraum entsteht. Zum weiteren Schutz ist dieses Überstülprohr noch mit Asbestpappe umgeben.

Die Lufthülle ist erforderlich, will man den Körper mit einem Strom von weniger als 100 Amp auf die höchste zulässige Temperatur von 1520^0 C bringen. Oberhalb dieser Temperatur beginnt die verwandte schwer schmelzbare Porzellanmasse weich zu werden. Auch fängt diese Masse dann an leitend zu werden, so daſs das Thermoelement beim Wenden des Heizstromes einen Unterschied von etwa 25^0 anzeigt.

Aus Fig. 13 und 14 ist die Montierung und Stromzuführung dieses schwarzen Körpers (K) ersichtlich. Die mit
Stellschrauben versehene Schieferplatte trägt zwei Paar Klemmbacken aus Messing, deren Einrichtung aus Fig. 13 genügend
zu erkennen ist. Fig. 14 zeigt den montierten schwarzen
Körper von vorn gesehen, so daſs man in die strahlende
Öffnung blickt.

Die erreichte Temperaturgleichheit des zur Strahlung benutzten Hohlraumes (5, 6, 7, Fig. 12) ist eine überraschende.
Zur Beurteilung der Temperaturverteilung bedient man sich
mit Vorteil der Helligkeitsverteilung im Innern des
strahlenden Hohlraumes. (Siehe folgenden §.) Aus der Gleich-
heit der Helligkeit folgt, daſs die aus diesem Hohlraum
kommende Strahlung tatsächlich die »schwarze« Strahlung
von der Temperatur darstellt, welche das Thermoelement
anzeigt.

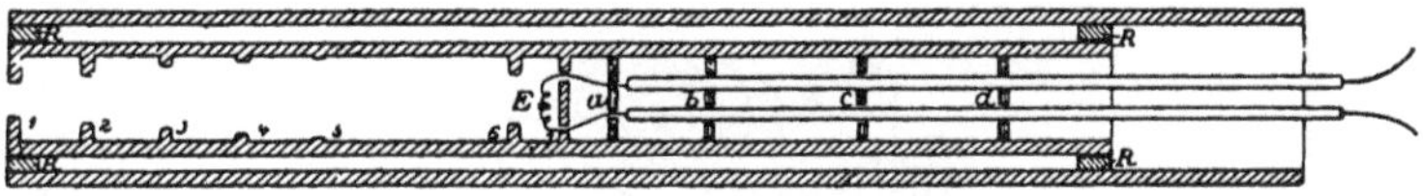

Fig. 12.

Zur Erweiterung der Temperaturskala über 1500 °C hinaus[1])
war es erwünscht, die schwarze Strahlung bei möglichst hoher
Temperatur zu verwirklichen. Es war von vornherein klar, daſs
oberhalb des Platinschmelzpunktes (etwa 1750 ° C) das Heizrohr zugleich auch zum Strahlungsrohr gemacht werden muſste. Als Substanzen konnten hierbei nur die sogenannten
»Leiter zweiter Klasse«, wie sie in der Nernstlampe Verwendung finden, und die Kohle in Betracht kommen, welche
freilich die unangenehme Eigenschaft hat, in der Luft bei
hoher Glut schnell zu verbrennen.

Aus verschiedenen Gründen erschien schlieſslich die
Kohle als das geeignetste Material zur Konstruktion hoch-
temperierter schwarzer Körper.

---

[1]) Vgl. O. Lummer und E. Pringsheim ›Die strahlungstheoretische Temperaturskala etc.‹ Verhdlgn. d. Deutsch. Physik. Ges.
Bd. V, Nr. 1, S. 2 bis 13, 1903.

Aus der Fig. 15 ist die Konstruktion unseres neuen »schwarzen« Kohlekörpers ohne weiteres ersichtlich.

Der strahlende Hohlraum wird dargestellt durch ein Kohlerohr R (Fig. 15) von 1,2 mm Wandstärke, 34 cm Länge und 1 cm innerem Durchmesser. Diese Rohre, von der Firma

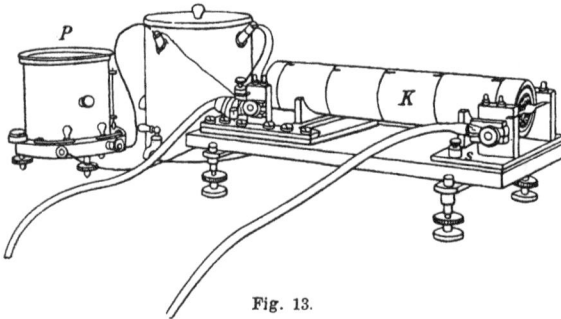

Fig. 13.

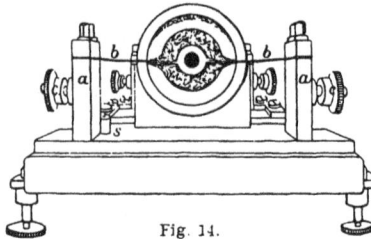

Fig. 14.

Gebr. Siemens & Co. in Charlottenburg in liebenswür-digster Weise für diesen Zweck besonders angefertigt, zeich-nen sich durch ihre genaue cylindrische Form und gleich-mäfsige Wandstärke aus. Infolgedessen erhitzt der das Rohr durchfliefsende elektrische Heizstrom die Wandung überall auf nahe die gleiche Temperatur. Die Enden des Kohlerohres sind schwach konisch ausgebildet und galvano-plastisch verkupfert. Über diese konischen Enden sind dickere, 7 cm lange Kohlecylinder A mit entsprechender Bohrung übergestülpt, welche innen und aufsen verkupfert sind. Diese Ansatzstücke ruhen in starken metallischem Klemmbacken B, welche die Stromzuführung vermitteln. Die vordere Klemme B ist auf der Schieferplatte S des Stativs fest montiert, die hintere ruht mit einer Gleitfläche auf dem Metallklotz E lose auf, so daſs das Rohr der Ausdehnung durch die Wärme frei folgen kann. Die Hinterwand des strahlenden Hohlraumes wird durch einen Kohlepfropf P_1 gebildet, der in der Mitte des Kohlerohres sitzt und dieses mög·lichst luftdicht abschlieſst. Hinter P_1 sitzt ein eben solcher zweiter Pfropf (P_2), welcher die noch vorhandenen Lücken zwischen dem ersten Pfropfen und der Rohrwand möglichst unschädlich macht. An der Rückseite ist das Rohr durch einen dritten Pfropfen (P_3) hermetisch verschlossen, um den Zutritt des Sauerstoffs der äuſseren Luft abzuschneiden.

Um die Kohle auſsen vor der Verbrennung zu schützen, ist das Heizrohr mit einem System von Hüllen umgeben, deren Montierung aus der Figur ersichtlich ist. Das innerste Schutzrohr U besteht aus Kohle, welche den doppelten Vorteil bietet, temperaturbeständig zu sein und zugleich die etwa eintretende Luft von Sauerstoff zu befreien. Die übrigen Schutzrohre sind teils aus Chamotte, teils aus Asbest; ein Rohr Q ist aus Nickel gefertigt, um die Ausstrahlung zu verringern.

Bei den hohen Temperaturen gerieten selbst die dicken metallenen Klemmbacken in Rotglut. Um dies zu verhindern, wurden groſse Kupferscheiben D angebracht, die fest auf den Kupferringen C aufsitzen und die Wärme nach auſsen ableiten.

Der Heizstrom wurde von Akkumulatoren geliefert. Bei Anwendung eines Stromes von 160 Amp. wurde eine Temperatur von etwa 2300^0 abs. erreicht, auf welcher sich der Körper einige Stunden ziemlich konstant erhalten lieſs.

Mit Hilfe dieses schwarzen Kohlekörpers konnten die später angeführten Gesetze der schwarzen Strahlung bis auf 2300^0 abs. erweitert und damit auch eine neue »strahlungs·theoretische Temperaturskala« bis zur gleichen Temperatur festgelegt werden (vergl. später § 28).

20. **Demonstration der Kirchhoffschen Hohlraumtheorie.** Die soeben erörterte Hohlraumtheorie führt zu dem Schluſs, daſs im Innern eines gleichtemperierten Hohlraums die Strahlungsunterschiede der verschiedensten Körper verschwinden.

Um auch dieses interessante Resultat experimentell zu demonstrieren, benutzte ich folgende Versuchsanordnung:

Der kleine Porzellantiegel *p q* (Fig. 16) wird in dem doppelwandigen Chamotteofen *C D* (Chamotte ist schraffiert in der Figur) elektrisch erhitzt, indem man einen elektrischen Strom durch den Nickeldraht *E F* leitet, welcher sowohl den

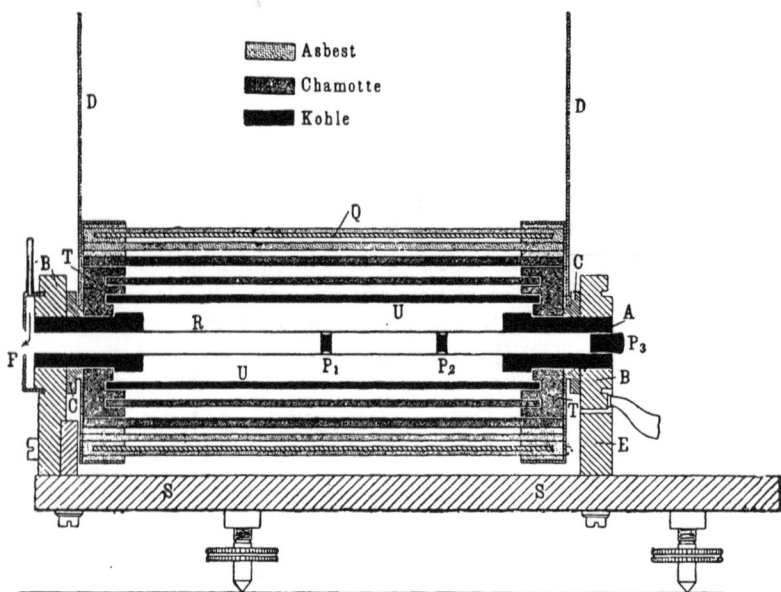

Fig. 15.

inneren Chamottezylinder wie den Boden des Ofens bis zur Rotglut bringt. Als Schutz gegen die Ausstrahlung durch die Öffnung *M* des Ofens dienen die in den Tiegel eingepaßten Ringe *m m* (aus Porzellan) und *u u* (aus Kohle); als Schutz gegen die Wärmeleitung dient lose, zwischen die beiden Chamottezylinder eingefügte Asbestwolle. Man erreicht so eine recht gleichmäßige Temperatur im Innern des Ofens, so daß die Wände und der Boden des Porzellantiegels wie eine gleichhelle, diffus, leuchtende Fläche erscheinen, wenn man das Auge

nahe an die Öffnung bei M bringt. Ob der gleichtemperierte Hohlraum erreicht ist, erkennt man am besten
durch das Gelingen des Versuchs selbst.

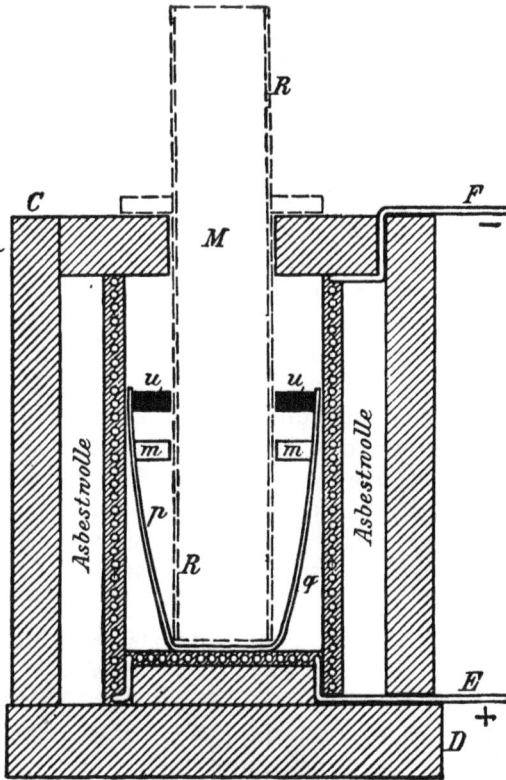

Fig. 16.

Fig. 17.

Man nehme den Tiegel heraus und zeichne auf dem Boden
des erkalteten Tiegels Tintenstriche, Kreise und Radien,
etwa wie es die Fig. 17 andeutet. Wir wissen durch das

5

frühere Experiment mit dem bestrichenen Platinblech, daſs die
Tintenstriche h e l l e r leuchten als das blanke Platin. Anders
im gleichtemperierten Hohlraum. Auch mit den Tintenstrichen
versehen, erscheint der Porzellantiegel im Innern überall gleichhell, und selbst bei aufmerksamer Betrachtung kann man die
Striche nicht einmal angedeutet sehen. Und so muſs es auch
sein, da nach der Kirchhoffschen Theorie des gleichtemperierten Hohlraums im Innern befindliche blanke und
geschwärzte Körper uns nicht nur gleichviel zustrahlen, sondern
die verschiedensten Substanzen ebensoviel Energie aussenden
wie der absolut schwarze Körper! Was ein blankes Element
des Hohlraums an Eigenstrahlung infolge seines Reflexionsvermögens weniger emittieren würde als ein schwarzes, wenn
beide auſserhalb des Hohlraums als freie Flächenelemente
strahlen würden, g e r a d e d a s g e w i n n t e s i m H o h l r a u m
a n » e r b o r g t e r « S t r a h l u n g , i n d e m e s k r a f t s e i n e s
R e f l e x i o n s v e r m ö g e n s a u c h d i e v o n a l l e n ü b r i g e n
F l ä c h e n t e i l e n d e s H o h l r a u m s k o m m e n d e S t r a h -
l u n g u n s z u s p i e g e l t. Und so reflektieren auch die nicht-
bestrichenen Stellen des Tiegelbodens gerade so viel von der
Strahlung der Tiegelwände uns mehr zu, als sie weniger
emittieren wie die bestrichenen und erscheinen darum ebenso
hell wie diese.

Sobald man aber diese »erborgte« Strahlung abblendet,
etwa indem man das dickwandige Metallrohr $R R$ (in der
Figur gestrichelt) in den Tiegel fast bis zum Boden
einschiebt, sofort erscheinen die Tintenstriche h e l l a u f
d u n k l e m Grunde, ganz wie es bei einer freistrahlenden
Fläche der Fall wäre. Das Metallrohr muſs natürlich möglichst dickwandig sein, so daſs es sich selbst nicht bis zur
Tiegelglut erhitzt. Nur dann erhält der Boden keine erborgte
fremde Strahlung und die Flächenelemente des Bodens
strahlen gemäſs ihrem individuellen Emissionsvermögen. Zieht
man das Metallrohr heraus, dann verschwinden auch die
hellen Tintenstriche wieder und so kann man durch abwech-
selndes Senken und Heben des Rohres die Striche sichtbar
und unsichtbar machen. Das Verschwinden der Tintenstriche
im stationären Zustande (ohne das Rohr M) ist ein deutliches

Zeichen dafür, dafs der Boden und die Wände des Tiegels
die gleiche Temperatur haben. Sie erscheinen hell auf
dunklem bezw. dunkel auf hellem Grunde, je nachdem die
Wände heller oder dunkler als der Boden des Tiegels leuchten.
Dieser »Glühtopf« ist nach meinen Angaben von der Firma
Gebrüder Siemens & Co. in Charlottenburg, Salzufer, geliefert worden.

Indem St. John[1]) teils blanke, teils mit Oxyden und
seltenen Erden überzogene Platinbleche in einem Chamotteofen erhitzte, um deren Strahlungsvermögen zu bestimmen,
bemerkte er zufällig, dafs blanke und bestrichene Stellen
gleich hell leuchteten und wurde durch diese Beobachtung
gleichfalls zu den Konsequenzen der Kirchhoffschen Hohlraumtheorie geführt, welche vorher schon Christiansen
wenigstens zum Teil verwirklicht hatte, deren Bedeutung aber
erst von Boltzmann (1884) klar erkannt worden war, ohne
dafs freilich diese Physiker selbst oder andere davon Gebrauch gemacht hätten (vergl. die Literaturnotiz auf S. 58
»Geschichtliches zur Verwirkl. der schw. Strahlung« von
O. Lummer).

Infolge dieser Hohlraumtheorie Kirchhoffs kann auch
die Folgerung nicht richtig sein, welche Draper aus seinen
Versuchen über den Leuchtbeginn der verschiedensten Körper
gezogen hat und welche aussagt, dafs alle Substanzen bei
der gleichen Temperatur zu leuchten beginnen (s. S. 38).
Draper beobachtete nämlich den Beginn der Rotglut, indem er die zu untersuchenden Substanzen in einem unten geschlossenen Flintenlauf im Kohlefeuer erhitzte. Dieser Ofen
ist einem nahe gleichtemperierten Hohlraum zu vergleichen, in dem notwendig alle Temperaturstrahler gleichhell erscheinen und bei der gleichen Temperatur über die
Schwelle schreiten müssen, genau wie die mit Tinte bestrichenen und die nicht bestrichenen Stellen unseres Tiegel-

---

[1]) E. St. John. »Über die Vergleichung des Lichtemissions-
vermögens der Körper bei hohen Temperaturen und über den
Auerschen Brenner.« Wied. Ann. Bd. 56, S. 433 bis 450.

bodens. Das Drapersche Gesetz ist also durch die Draperschen Versuche nicht erwiesen. Aber auch aus dem Kirchhoffschen Satze kann es nicht gefolgert werden, wie Kirchhoff geglaubt hat, da es mit diesem Satze direkt im Widerspruch steht.[1]) Tatsächlich liegt der Kirchhoffschen Herleitung des Draperschen Gesetzes eine ähnliche Verwechse-
lung zu Grunde, welche H. F. Weber verleitete, aus subjektiv Empfundenem auf objektiv Vorhandenes zu schließen
und die Grauglut als Beweis für die Ungültigkeit des Draperschen Gesetzes hinzustellen!

20. Energieverteilung im Spektrum des schwarzen Körpers
(maximale Strahlungsgesetze). Mit der Verwirklichung der schwarzen Strahlung durch gleichtemperierte
Hohlräume und der Auffindung ihrer Gesetze war insofern
auch für alle anderen Strahler viel gewonnen, als nach dem
Kirchhoffschen Gesetz der schwarze Körper die Maximal-
gesetze der Körperwelt darstellt. Für jede Wellenlänge
strahlt der schwarze Körper mehr als jeder reale Körper
gleicher Temperatur, sodaß seine Energiekurven diejenigen
aller anderen Strahler einhüllen. Hieraus folgt der wichtige
Satz: Mit keiner, auf reiner Temperaturstrahlung
beruhenden Lichtquelle kann man eine größere
Helligkeit erzielen, als mit dem schwarzen Körper.
Gleichwohl ist dieser der unökonomischste, denn er
sendet auch die maximale Energie im unsichtbaren Gebiet
des Spektrums aus, und diese ist für das Auge unnützer
Ballast. Ökonomischer sind daher als Leuchtstoffe alle diejenigen nichtschwarzen, selektiv reflektierenden Stoffe,
welche relativ zum schwarzen Körper die Lichtwellen besser
verschlucken als die Wärmewellen. Um ein Urteil über die
Energievergeudung zu gewinnen, welche bei Benutzung des
schwarzen Körpers als Lichtquelle getrieben wird, müssen wir
wissen, wie sich die Energie der schwarzen Strahlung bei den
verschiedenen Temperaturen von Wellenlänge zu Wellenlänge
ändert.

---

[1]) O. Lummer. »Über die Gültigkeit des Draperschen Gesetzes.«
Arch. f. Math. u. Phys. III. Reihe, Bd. I, S. 77 bis 90, 1901.

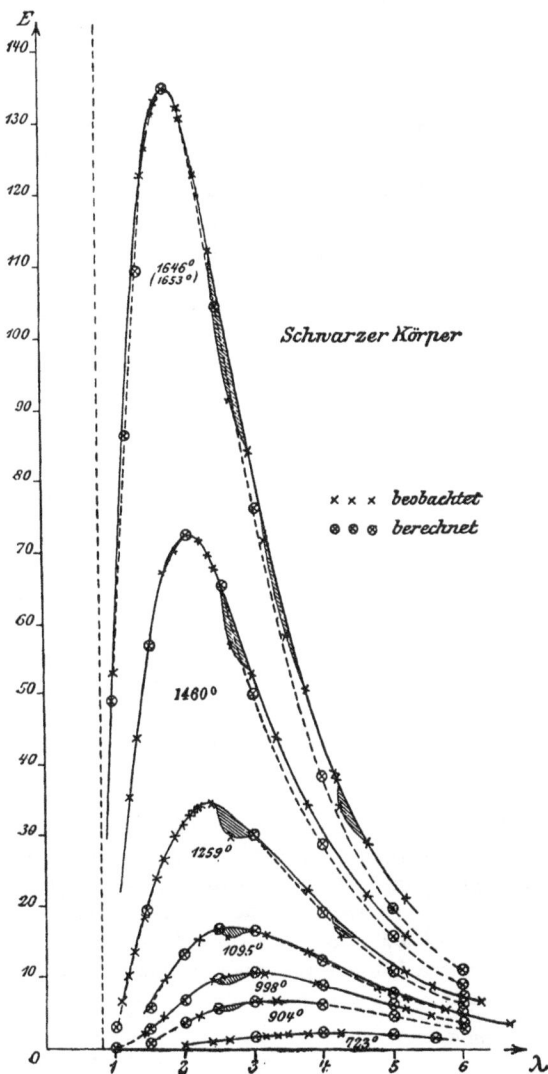

Fig. 18.

In Fig. 18 (Projektion) sind die Resultate einer Versuchsreihe enthalten derjenigen Beobachtungen[1]), welche ich mit Herrn Professor Dr. E. Pringsheim angestellt habe, um die Energieverteilung im Spektrum des schwarzen Körpers innerhalb eines möglichst grofsen Temperaturintervalls kennen zu lernen. Wir bedienten uns zur Messung der Strahlung des Lummer-Kurlbaumschen Bolometers[2]) und zur Erzeugung des Spektrums teils eines Flufsspat-, teils eines Sylvinprismas. Wir beobachteten die Energieverteilung innerhalb eines Temperaturintervalls von — 180⁰ C, der Temperatur der flüssigen Luft, bis 1600⁰ C, der Schmelztemperatur des Porzellans und für die Wellen von 0,8 μ bis 19 μ. Fig. 18 gibt eine Versuchsreihe mit dem Flufsspatprisma wieder und zwar in Gestalt von Kurven, welche direkt erkennen lassen, wie das Emissionsvermögen E eines beliebigen Körpers sich mit der Wellenlänge λ und der Temperatur T ändert. In ihr sind als Abszissen (horizontale Entfernung von Null) die Wellenlängen λ, ausgedrückt in $^1/_{1000}$ mm $= 1 \mu$, aufgetragen, während die dazu gehörigen Emmissionsvermögen E als Ordinaten eingezeichnet sind. Die zu jeder Wellenlänge λ zugehörige Energie erhält man, wenn man das zum Bezirk zwischen λ und $\lambda + d\lambda$ gehörige mittlere Emissionsvermögen $E\lambda$ mit $d\lambda$ multipliziert. Die in Fig. 18 gezeichneten Kurven sind also bis auf einen konstanten Faktor auch identisch mit den Energiekurven und stellen daher auch den Verlauf der

---

[1]) O. Lummer u. E. Pringsheim. ›Die Verteilung der Energie im Spektrum des schwarzen Körpers‹. Verh. d. Deutsch. Phys. Ges. Bd. 1, S. 23 bis 41, 1899. — ›Die Verteilung der Energie im Spektrum des schwarzen Körpers und des blanken Platins‹. Verh. der Deutsch. Phys. Ges. Bd. 1, S. 215 bis 230, 1899. — ›Über die Strahlung des schwarzen Körpers für lange Wellen‹. Verh. d. Deutsch. Phys. Ges. Bd. 2, S. 163 bis 180, 1900.

[2]) O. Lummer u. F. Kurlbaum. ›Über die Herstellung eines Flächenbolometers‹. Zeitschr. f. Instrumentenkunde, Bd. 12, S. 81 bis 89, 1892. — ›Bolometrische Untersuchungen‹. Wied. Annalen Bd. 46, S. 204 bis 224, 1892. — ›Bolometrische Untersuchungen für eine Lichteinheit‹. Berl. Akad. Ber. 1894, S. 229 bis 238.

Energie von Welle zu Welle richtig dar, der uns hier ganz speziell interessiert.

Das sichtbare Spektrum reicht von der Wellenlänge 0,4 μ bis höchstens 0,8 μ, wo in der Figur eine vertikale, gestrichelte Linie eingezeichnet ist. Rechts von diesem vertikalen Strich liegt diejenige Energie, welche wir nicht als Licht empfinden, links davon die sichtbare Energie. Diese ist so klein, daß wir sie trotz der empfindlichsten Strahlungsmesser kaum für die höheren Temperaturen haben messend verfolgen können. Da die Energie für die Wellenlänge Null notwendig ebenfalls zu Null herabsinken muß, so zielen alle Kurven nach dem Nullpunkt des gewählten Koordinatensystems. Für das Auge hört die Empfindung schon bei 0,4 μ wieder auf, so daß nur die innerhalb der Strecke von 0,4 μ bis 0,8 μ gelegenen Kurvenäste für die Lichtwirkung zur Geltung kommen. Hieraus folgt: Da, wo unser Auge fast geblendet wird, vermag die Physik kaum die ankommende Energie zu messen, während der überwiegende Teil der Energie von denjenigen Wellen transportiert wird, für welche unser Auge unempfindlich ist. Welche enorme Vergeudung von Energie findet hier statt! Wie gering ist die Ökonomie, wenn man den schwarzen Körper als Lichtquelle benutzt!

Vergleichen wir die Wellen des Äthers mit den Tönen eines Klaviers, so erscheint das Verfahren, Licht durch Erhitzung des schwarzen Körpers herzustellen, gleich dem törichten Beginnen, die sämtlichen Tasten des Klaviers gleichzeitig anzuschlagen, um eine der höchsten Oktaven zum Klingen zu bringen!

Als Maß der gesamten Energie bei einer Temperatur wollen wir diejenige Fläche betrachten, die zwischen der zu dieser Temperatur gehörigen Energiekurve und der Abszissenachse gelegen ist. Demnach wird man als Maß der Ökonomie im physikalischen Sinne das Verhältnis der beiden Teile jeder Kurve betrachten dürfen, in welche die von ihr eingeschlossene Fläche durch die gestrichelte Vertikallinie bei 0,8 μ zerlegt wird. Denkt man sich die sämtlichen Kurven bis zum Nullpunkt verlängert, so sieht man, daß die unsichtbare Energiefläche bei Temperaturen der hellen Rotglut, die in Licht umgesetzte Energiefläche um das 1000 fache und bei den höchsten erreichten Temperaturen immer noch um das 100 fache überwiegt. Diesen enormen Energieverlust kann man nur dadurch verkleinern, dafs man statt des schwarzen Körpers einen Stoff strahlen läfst, bei dem das Verhältnis der Lichtfläche zur Wärmefläche günstiger ist, oder besser aus-gedrückt, welcher im Vergleich zum Licht weniger Wärme aussendet.

Die Bedingungen, denen ein solcher Körper genügen mufs, sind leicht anzugeben: Er mufs die Wärmewellen im Vergleich zum schwarzen Körper gleicher Temperatur besser reflektieren als die Lichtwellen; für ihn mufs also in Bezug auf die unsichtbaren, langen Wellen der Wert von R_λ möglichst grofs (Eins), dagegen in Bezug auf die sichtbaren Wellen möglichst klein sein. Der ökonomischste Körper ist also cet. par. der-jenige, welcher die Strahlen von Rot bis Violett vollkommen absorbiert ($A_\lambda = 1$), dagegen alle anderen Wellen vollkommen zurückwirft oder hindurchläfst. Einen solchen theoretischen Körper wollen wir als »idealen« Temperaturstrahler be-zeichnen.

Das erste Ziel der Leuchttechnik ist also folgendermafsen zu formulieren: Die leuchtende Substanz soll nur Lichtstrahlen und gar keine Wärmestrahlen aus-senden oder in anderen Worten, sie soll alle Lichtstrahlen absorbieren und alle Wärmestrahlen vollkommen spiegeln oder hindurchlassen.

Ob es solche Substanzen gibt, welche absolut schwarz für das sichtbare Spektrum und vollkommen spiegelnd für das unsichtbare Spektralgebiet sind?

Diese Leuchtsubstanzen wären vergleichbar unserem Spiel am Klavier, bei dem man nur diejenigen Tasten anschlägt, welche die gewünschten Saiten zum Tönen bringen, ohne die anderen Saiten gleichzeitig in Mitschwingung zu versetzen.

Jedenfalls würde ein idealer Temperaturstrahler bei Rotglut-hitze rund 1000 mal weniger Energie und bei Weifsglut immer noch rund 100 mal weniger Energie verbrauchen als der absolut schwarze Körper gleicher Temperatur. Wem es gelingt, einen solchen idealen Leuchtstoff ausfindig zu machen, der wird damit alle heute gebräuchlichen Lichtquellen aus dem Felde schlagen, seinen Namen unsterblich machen und seinen Beutel mit Millionen füllen.

Inwieweit der Auerstrumpf seine hohe Leuchtkraft der selektiven Reflexionseigenschaft zu verdanken hat, diese Frage ist noch nicht entschieden.

Jedenfalls ist auch das Auermaterial und, wie wir sehen werden, erst recht der in allen übrigen Lichtquellen glühende Leuchtstoff noch weit davon entfernt, wie der »ideale« Leucht-körper zu strahlen. Alle unsere Leuchtsubstanzen einschließ-lich der »Nernstsubstanz« und des Osmiumfadens scheinen vielmehr dem schwarzen Körper in ihren Strahlungseigen-schaften näher zu liegen als dem »idealen«. Wo aber in Be-zug auf die Ökonomie Fortschritte erzielt sind, scheint ledig-lich die erhöhte Temperatur eine Rolle zu spielen, außer bei den neuesten »bunten» Bogenlampen, bei denen glühende Dämpfe leuchten und somit die Lumineszenz ins Spiel kommt.

Die Dämpfe und Gase ähneln schon eher unseren Ton-instrumenten, da sie bei geeigneter Erregung nicht alle Wellen zugleich, sondern nur einzelne jeder Substanz eigentümliche Wellenarten aussenden. Auf dieser Eigenschaft der leuch-tenden Substanzen in Dampf- und Gasform beruht bekannt-lich die Spektralanalyse, bei der man aus der Art des Spek-trums auf die Art der leuchtenden Substanz schließt. Erst wenn man den Lockruf kennen wird, welcher die dampf-förmigen Substanzen zum vollen Mitklingen bringt, dürfte die Lichtbereitung auf der Höhe angelangt und mit derjenigen des Leuchtkäfers zu vergleichen sein! Zu diesem Ziele ge-langt man allein durch das Studium der Mechanik des »Elektrons«, des Atoms der Elektrizität, welches der Träger der Kathoden- und Becquerelstrahlen ist und dessen Erregung und Oscillation die Ursache des Leuchtens der materiellen Substanzen ist. Die Elektronen in den dampfförmigen Sub-stanzen ähneln schon eher den Tasten unseres Klaviers, welche man einzeln anschlagen kann, ohne zugleich alle anderen Töne zum Klingen zu bringen!

21. Strahlungsgesetze des blanken Platins (Minimalgesetze). Um die Ökonomie der verschiedenen Lichtquellen mit derjenigen des schwarzen Körpers vergleichen
zu können und ein Urteil zu gewinnen, inwieweit die in
ihnen leuchtenden Substanzen sich dem ›idealen‹ Strahler
nähern, müssen wir aufser ihren Energiekurven auch noch
ihre Temperaturen kennen. Diese Aufgabe war aber bis vor
kurzem schlechterdings so gut wie ganz unlösbar. Auf relativ
einfache Weise konnten wir alle diese Fragen lösen und gleichsam einen Gesamtüberblick gewinnen, indem wir aufser dem
schwarzen Körper auch noch das blanke Platin genau unter-
suchten und der schwarzen Strahlung die blanke Platinstrahlung gegenüberstellten; aufser den Maximalgesetzen
lernten wir dadurch gleichsam die Minimalgesetze kennen
und vermochten so eine ganze Anzahl von Strahlungskörpern
zwischen zwei Grenzen einzuschliefsen. Denn kraft seiner vor-
züglichen Reflexionseigenschaften absorbiert blankes Platin
von allen festen und feuerbeständigen Substanzen am wenigsten,
so dafs also auch seine Emission auf ein Minimum reduziert
ist. Tatsächlich strahlt blankes Platin bei der Rotglut noch
nicht den zehnten Teil der Energie des schwarzen Körpers
und auch bei den höchsten Temperaturen immer noch weniger
als die Hälfte. Selbst im geschmolzenen Zustande reflektiert
Platin gleich einem Quecksilberspiegel. Behufs Reproduktion
der Violleschen Lichteinheit brachte ich einst mehrere
Kilogramm Platin im Magnesiatiegel mittels Akkumulatoren-
stromes von über 5000 Amp zum Schmelzen[1]) und beobachtete
dabei, dafs sich die ›Ufer des Platinsees‹ auf der Oberfläche
des geschmolzenen Platins, bei genügender Abblendung natürlich, wie in einem Quecksilberspiegel spiegelten!

Um die reine Platinstrahlung zu erhalten, wie es die
Viollesche Platinlichteinheit vorschreibt, mufs man daher auch notwendig alle gespiegelte Strahlung sorgfältig
abblenden!

---

[1]) Vergl. Bericht über die Tätigkeit der Physikalisch-Techn.
Reichsanstalt (1892 bis 1894), abgedruckt in der Zeitschr. f. Instru-
mentenk. Bd. 14, S. 268 u. s. w., 1894.

Bei den Messungen über die Strahlung des blanken Platins ist daher ebenfalls mit Sorgfalt darauf zu sehen, daſs man nur die Strahlung vom Platin erhält. Es ist daher die Erhitzung des Platinblechs in einem Ofen ausgeschlossen, da das Platin infolge seines Reflexionsvermögens auch von den Ofenwänden erborgte Strahlung nach aufsen sendet. Beim Erhitzen durch die Flamme ist die Herstellung einer gleichmäfsigen Temperatur längs der strahlenden Fläche und die genaue Temperaturbestimmung derselben von grofser Schwierigkeit. Auch beim elektrischen Glühen z. B. blanken Platins ist die Messung der Temperatur mit Hilfe eines Thermoelementes nicht einwandsfrei.

Um die bei der Temperaturmessung eines elektrisch geglühten Platinbleches auftretenden Übelstände zu beseitigen, wurde dem strahlenden Blech die Form eines vollkommen geschlossenen Hohlraumes gegeben, in dessen Inneres das Thermoelement isoliert eingeführt ist. Um den durch die Wärmeleitung verursachten Fehler unschädlich zu machen, ist das Thermoelement im Platinhohlraum zu einer Spirale aufgewickelt; aufserdem sind die zur Isolierung des Elementes dienenden Porzellanröhrchen auf einer längeren Strecke im glühenden Platin entlang geführt.

Erst ein solcher um ein Holzmodell geformter und nach Einführung des Thermoelementes zugeschweifster Platinkasten (Fig. 19) erlaubte die Platinstrahlung einwandsfrei zu bestimmen und auch die Energieverteilung des blanken Platins im Spektrum mit der wünschenswerten Genauigkeit festzustellen.

Es darf ohne Übertreibung als ein glücklicher Gedanke von grofsem, praktischen Nutzen bezeichnet werden, dem maximalen Strahler oder dem schwarzen Körper, den minimalen Strahler oder das blanke Platin gegenübergestellt und die Gesetze für beide Substanzen genau bestimmt zu haben. Denn während diese beiden Körper dem Experiment leicht zugänglich sind und bei ihnen die Temperaturbestimmung keine Schwierigkeiten bereitet, ist dies beides nicht der Fall bei den gebräuchlichen Leuchtsubstanzen. Wohl aber darf man mit einigem Recht behaupten, daſs viele von diesen technisch wichtigen Körpern, wie der Kohlenstoff, was ihre Reflexions- und damit auch ihre Strahlungseigenschaften anlangt, vom schwarzen Körper auf der einen Seite und vom blanken Platin auf der anderen Seite eingeschlossen werden.

Fig. 19.

In Fig. 20 sind die Resultate der blanken Platin-strahlung[1]) in derselben Weise aufgetragen, wie zuvor beim schwarzen Körper (Fig. 18, S. 69), nur ist der Maßstab der Ordinaten hier ein anderer, da die Platinstrahlung sehr viel geringer ist. Was uns hier interessiert, ist wieder die Form der Platinkurven, aus welcher folgt, daß auch beim Platin der Hauptanteil der Energieflächen bis zu den höchsten Tempe-raturen im Unsichtbaren gelegen ist. Die vertikale Tren-

---

[1]) Vgl. Note 1 S. 70.

nungslinie des sichtbaren vom unsichtbaren Wellenlängengebiet bei 0,8 μ (in Fig. 20 punktiert gezeichnet) lehrt anschaulich, daſs auch beim Platin die Ökonomie fast ebenso
gering ist wie beim schwarzen Körper. Und so wird bei allen
Lichtquellen eine ähnlich enorme Energieverschwendung stattfinden, deren Leuchtsubstanzen der Klasse: »Platin = Schwarzer
Körper« angehören.

Für die Ansicht, daſs dazu die Kohle und auch die
meisten anderen festen Substanzen gehören, gewinnen wir
noch einen weiteren Prüfstein, wenn wir im stande sind, die
Temperaturen der Lichtquellen zu bestimmen. Und
dies konnten wir wieder auf Grund der Hypothese, daſs die
in ihnen glühenden Substanzen in ihren Strahlungseigenschaften zwischen denen des Platins und des schwarzen
Körpers liegen. Ehe wir hierauf eingehen, wollen wir ganz
kurz die übrigen Strahlungsgesetze besprechen, wie sie sich
aus unseren Versuchsergebnissen folgern lassen. Dahin gehört
zunächst das Fundamentalgesetz der schwarzen Strahlung,
welches aussagt, wie sich die Gesamtstrahlung mit der
Temperatur ändert.

22. **Das Stefan-Boltzmannsche Gesetz der Gesamtstrahlung.**
Auf Grund des bis 1879 vorliegenden Beobachtungsmaterials
hatte Stefan[1] das nach ihm benannte Strahlungsgesetz
aufgestellt, daſs die gesamte, von einem Körper ausgesandte Energie, also seine Gesamtstrahlung, proportional
ist der vierten Potenz seiner absoluten Temperatur.
Dieser Satz, von dem Stefan irrtümlich glaubte, daſs er
die Strahlungseigenschaften so verschiedener Körper, wie
Ruſs, Platin, Glas, Kohle u. s. w., darstelle, erlangte seine
wahre Bedeutung erst, als Boltzmann[2] auf theoretischem

---

[1] J. Stefan. »Über die Beziehung zwischen der Wärmestrahlung und der Temperatur.« Wien. Akad. Ber., II. Serie, Bd. 79,
II. Abt., S. 391 bis 428, 1879.

[2] L. Boltzmann. »Ableitung des Stefanschen Gesetzes u. s. w.
aus der elektromagnetischen Lichttheorie.« Wied. Ann. Bd. 22, S. 31
und 291 bis 294, 1884.

Wege das gleiche Gesetz für den von Kirchhoff definierten »schwarzen« Körper abgeleitet hatte.

Die älteren, an beliebig herausgegriffenen Körpern unternommenen Versuche konnten also unmöglich zu dem Stefanschen Gesetz führen. Aber auch bis in die allerneueste Zeit ließ man außer acht, daß die Strahlungsgesetze notwendig von Körper zu Körper variieren müssen, und erheischte selbst vom blanken Platin die Erfüllung des Stefanschen Gesetzes. Man bezweifelte lieber die Richtigkeit der Versuche und kon- struierte künstliche Fehlerquellen, natürlich bei den Versuchen der Gegner, als daß man sich von der vorgefaßten Meinung lossagte und jedem Körper sein individuelles Strahlungsgesetz ließ.[1]

Dieser Verwirrung machte erst die von W. Wien und mir bewirkte Verwirklichung des schwarzen Körpers ein Ende. Erst die an gleichtemperierten Hohlkugeln angestellten Mes- sungen[2] zeigten, daß tatsächlich die gesamte Energie der schwarzen Strahlung proportional zur vierten Potenz der absoluten Temperatur fortschreitet, während im Gegensatz hierzu gefunden wurde, daß die Gesamtstrahlung des reinen Platins proportional zur fünften Potenz anwächst und Stoffe wie Eisenoxyd, Kohle u. s. w. eine dazwischenliegende Potenz befolgen.[3]

Wie genau das Stefan-Boltzmannsche Gesetz von der schwarzen Strahlung erfüllt wird, lehrt die Tabelle I, welche die von Pringsheim und mir erhaltenen Resultate über das Fortschreiten der Gesamtstrahlung wiedergibt.

---

[1] Vgl. O. Lummer. »Le rayonnement des corps noirs«. Rap- ports au congr. intern. de phys. Bd. 2, S. 41 bis 99. Paris, Gauthier- Villars, 1900 und Arch. f. Math. u. Physik.

[2] O. Lummer und E. Pringsheim. »Die Strahlung eines »schwarzen« Körpers zwischen 100° und 1300° C.« Wied. Annal. Bd. 63, S. 395 bis 410, 1897.

[3] O. Lummer u. F. Kurlbaum. »Der elektrisch geglühte, ab- solut schwarze Körper und seine Temperaturmessung«. Verh. Phys. Ges. Berlin. Bd. 17, S. 106 bis 111, 1898.

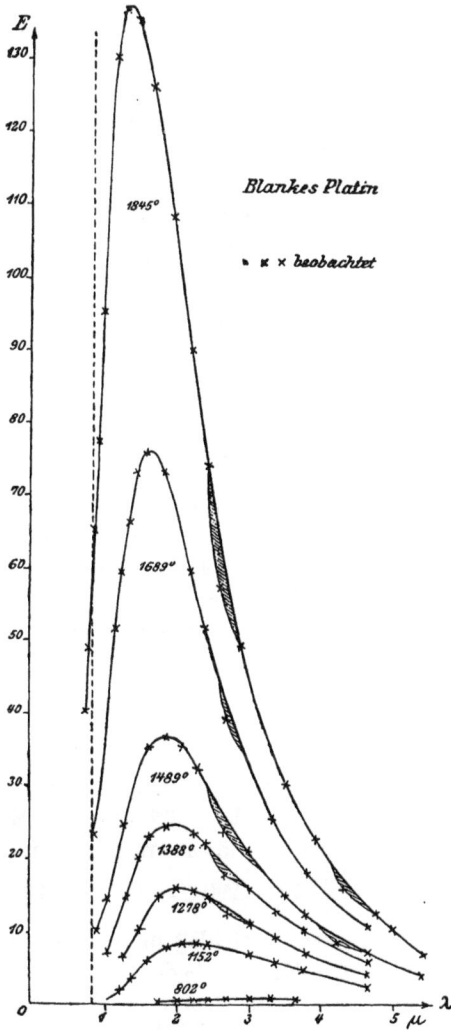

Fig. 20.

Tabelle I.

1.	2.	3.	4.	5.	6.
Schwarzer Körper	Absolute Temperatur beobachtet	Reduzierter Ausschlag	$C \, 10^{10}$	Absolute Temperatur berechnet	T beob. $- T$ berechnet
Siedetopf . .	373,1	156	127	374,6	— 1,5 °
Salpeterkessel .	492,5	638	124	492,0	+ 0,5
»	723,0	3 320	124,8	724,3	— 1,3
»	745	3 810	126,6	749,1	— 4,1
Chamotteofen .	810	5 150	121,6	806,5	+ 3,5
»	868	6 910	123,3	867,1	+ 0,9
»	1378	44 700	124,2	1379	— 1
»	1470	57 400	123,1	1468	+ 2
»	1497	60 600	120,9	1488	+ 9
»	1535	67 800	122,3	1531	+ 4

Mittel 123,8

Die in Kolumne 2 angegebenen Temperaturen sind bezogen auf die Temperaturskala von Holborn und Day[1]), bei welcher die thermoelektromotorische Kraft des Le Chatelierschen Elementes aus Platin und Platinrhodium an das Stickstoffthermometer angeschlossen ist. Die dritte Kolumne enthält die Strahlungsenergie des schwarzen Körpers bei der beobachteten Temperatur in Gestalt des bolometrisch gemessenen und auf gleiches Maß reduzierten Ausschlags am Galvanometer. Dieser ist notwendig gleich Null, falls der schwarze Körper die gleiche Temperatur wie das Bolometer hat. Diese betrug 17° C oder 290° absolut. Soll also das Stefansche Gesetz erfüllt sein, so muß gelten:

$$A = \text{konst.} \ (T^4 — 290^4) = C \ (T^4 — 290^4),$$

falls A den reduzierten Ausschlag und T die absolute Temperatur des schwarzen Körpers bedeuten. Der für jede Temperatur gefundene Wert von C, multipliziert mit 10^{10}, ist in Kolumne 4 angegeben, welche lehrt, wie konstant C für alle

---

[1]) L. Holborn u. L. Day. »Über das Luftthermometer bei hohen Temperaturen«. Ann. d. Phys. Bd. 2, S. 505 bis 545, 1900.

Temperaturen ist. Ein noch besseres Kriterium für die Richtigkeit des Stefanschen Gesetzes erhält man, wenn man mit
dem Mittelwert von C aus der obigen Gleichung den Wert
von T berechnet (vgl. Kolumne 5) und die Differenz zwischen dem beobachteten und berechneten Wert bildet, wie es
in der letzten Kolumne geschehen ist. Die Zahlen der Kolumne 6 zeigen, daſs sich die Abweichungen der Resultate vom
Stefanschen Gesetz schon durch relativ kleine Fehler in
der Temperaturbestimmung würden erklären lassen.

Unsere Versuche bestätigen somit die Richtigkeit des
Stefanschen Gesetzes. Unter Voraussetzung dieses Gesetzes
hätten sie sogar dazu dienen können, eine wahrscheinliche
Korrektion für die ältere Temperaturskala aufzustellen, welche
von Holborn und Wien[1]) durch Anschluſs des Le Chatelierschen Thermoelementes an das Luft-Thermometer gewonnen worden war.[2])

Was durch die direkte Messung der Gesamtstrahlung erwiesen ist, wird bestätigt durch die später ausgeführten Beobachtungen im Spektrum. In den in Fig. 18 abgebildeten
Energiekurven stellt, wie erwähnt, bis auf einen konstanten
Faktor die von jeder Kurve und der Abszissenachse eingeschlossene Fläche die gesamte Energie dar, welche der
schwarze Körper bei der zugehörigen Temperatur aussendet.
Tatsächlich verhalten sich auch diese Flächen wie die
vierten Potenzen der absoluten Temperatur. Das Fundamentalgesetz lautet also:

Die gesamte Energie der schwarzen Strahlung
ist proportional der vierten Potenz der absoluten
Temperatur.

Bezeichnen wir mit E_λ das dem Wellenlängenbezirk
zwischen der Welle λ und der Welle $\lambda + d\lambda$ zukommende

---

[1]) L. Holborn und W. Wien. ›Über die Messung hoher
Temperaturen.‹ Wied. Ann. Bd. 47, S. 107 bis 134, 1892, und Bd. 56,
S. 360 bis 396, 1895.

[2]) O. Lummer und E. Pringsheim. ›Notiz zu unserer Arbeit
über die Strahlung eines ‚schwarzen' Körpers zwischen 100° und
1300° C.‹ Ann. d. Phys. (4) Bd. 3, S. 159 bis 160, 1900.

Emissionsvermögen (Höhe der Ordinate in Fig. 18), so kann dieses Gesetz geschrieben werden:

$$\int_0^\infty E_\lambda \, d\lambda = \sigma \, T^4 \quad \ldots \ldots \ldots \quad (1$$

wo T die absolute Temperatur und σ eine Konstante bedeuten.

Unsere Kurvenschar lehrt aber auch die Gesetze kennen, nach denen sich die Gröfse und die Lage des Energiemaximums (höchste Höhe der Kurve) mit der Temperatur ändern.

23. **Folgerungen aus dem Stefanschen Gesetz auf die Existenz des Strahlungsdrucks** (Theorie der Kometen): Da das Stefansche Gesetz der Gesamtstrahlung theoretisch nur für den schwarzen Körper hergeleitet werden kann und praktisch nur von der schwarzen Strahlung erfüllt wird, so ist die vollkommene experimentelle Bestätigung dieses Gesetzes ein Prüfstein für die Richtigkeit der bei der Herleitung benutzten Hypothesen.

Der Boltzmannsche Beweis beruht nun erstens auf dem Fundamentalsatz der elektromagnetischen Lichttheorie, wonach ein Strahl bei senkrechter Incidenz auf die Flächeneinheit einen Druck ausübt, welcher gleich ist der in der Volumeneinheit in Gestalt dieser Strahlung enthaltenen Energie und stützt sich aufserdem auf die Gültigkeit des zweiten Hauptsatzes der mechanischen Wärmetheorie für den Vorgang bei der Strahlung.

Da diese durch die Folgerungen aus dem Kirchhoffschen Gesetz nicht mehr zu bezweifeln ist, so ist durch den experimentellen Beweis des Stefanschen Gesetzes auch die Existenz des Ätherdrucks erwiesen.[1] Daraus folgt wiederum, dafs sich die Massen, z. B. der Himmelskörper, nicht nur anziehen kraft des Newtonschen Gravitationsgesetzes, sondern sich infolge der ihnen innewohnenden

---

[1] Neuerdings haben P. Lebedew (Ann. d. Phys. VI, S. 433 bis 458, 1901) und Nichols und Hull (Astroph. Journ. 1901) auf radiometrischem Wege die Existenz des Ätherdruckes infolge Bestrahlung direkt experimentell wahrscheinlich gemacht.

Temperatur auch abstofsen. Hierdurch ist in die Betrachtung der Naturvorgänge ein ganz neues Moment gekommen, welches geeignet ist, Anomalien zu erklären, die bisher zu den unbeantwortbaren Fragezeichen des Himmels gehörten. Dahin gehört die eigentümliche Gestalt der Kometenschweife[1]), welche stets von der Sonne abgerichtet stehen und in der Sonnennähe eine Ausdehnung bis zu Millionen von geogr. Meilen annehmen.

Infolge dieses Strahlungsdruckes übt die Sonne an der Erdoberfläche einen Druck von nur $1/2$ Milligramm pro qm aus, der in Bezug auf die ganze Erdkugel aber doch dem stattlichen Gewicht von 75 Mill. kg oder 75 000 t gleichkommt. Freilich ist dieser Druck immer noch verschwindend gegenüber der Kraft, mit welcher die Sonne unsere Erde infolge der Gravitation anzieht, da diese mehr als $6 \cdot 10^{18}$, also Million mal Million mal Million Tonnen beträgt. Dieses Verhältnis zwischen der Anziehungskraft infolge der Schwere und der Abstofsungskraft infolge der Sonnenstrahlung ist nun unabhängig von der Entfernung zwischen dem beeinflufsten Körper (z. B. Erde) und der Sonne, so dafs es lediglich eine Funktion der Körpergröfse und der Art der Substanz ist. So kommt es, dafs bei genügender Kleinheit des Körpers die Abstofsung sogar gröfser als die Anziehung ist, so dafs der beeinflufste Körper sich dauernd von der Sonne entfernt! Freilich beginnt dieses Überwiegen der Abstofsung über die Anziehung erst bei Körperchen von der winzigen Gröfse der Wellenlängen (etwa $1/2000$ mm) um mit abnehmender Gröfse anfangs schnell zuzunehmen und dann wieder zu sinken. Also nur Körperchen einer ganz gewissen Gröfse werden von der Sonne dauernd abgestofsen, alle gröfseren und kleineren dagegen angezogen.

---

[1]) P. Lebedew. Wied. Ann. Bd. 45, S. 292 bis 297, 1892. Rapports au congrès intern. Bd. II. Paris. Gauthier-Villars, 1900. — Svante Arrhenius. »Über die Ursache der Nordlichter.« Physik. Zeitschr. Bd. II, Heft 6 u. 7, 1900. — O. Lummer. Arch. d. Math. u. Phys., Bd. III, S. 261 bis 281. Juli 1902.

Ein um die Sonne in elliptischer Bahn kreisender Planet wird also aus dieser Bahn nur dann herausgedrängt werden, wenn sich seine Gröfse durch irgend welche Einflüsse ändert. Aber erst wenn er auf die winzige Gröfse von 1 cm Radius zusammengeschrumpft ist, fängt die Änderung seiner Bahn an uns bemerkbar zu werden und erst bei Wellenlängengröfse und darunter verläfst er seine Bahn tangential, um von da an von der Sonne fortzueilen, bis sein Radius kleiner als $^1/_{10000}$ mm geworden ist. Jetzt erst kehrt er um und stürzt wieder zur Sonne nieder!

Diese nacheinander folgenden Zustände werden g l e i c h - z e i t i g eintreten, wenn ein Planet oder Komet der Sonne zu nahe kommt und plötzlich in Stücke der verschiedensten Gröfse zerfällt. Alle Stücke von über 1 cm Gröfse werden der ursprünglichen Bahn folgen, alle kleineren Stücke aber andere Bahnen einschlagen. Es findet also eine Streuung statt und unter Umständen die Bildung eines Kometen mit Kopf und Schweif.

Spielend aber erklären sich durch unsere Theorie die am Kometen beobachtbaren Vorgänge, wenn man bedenkt, dafs sich in ihm die Masse schon in feinster Verteilung befindet und nur der Kopf aus Stücken von mehr als Zentimeter Gröfse bestehen mufs, da er einem Planeten gleich die Sonne in regelmäfsiger Bahn umkreist. Denn sobald der Komet in die Nähe der Sonne kommt, erhitzen sich seine einzelnen Körperchen, zerspringen, verdampfen und je nach der Gröfse schlagen die einzelnen Teilchen die verschiedensten Bahnen ein oder werden in direkter Richtung von der Sonne abgestofsen. So bildet sich jener unermefsliche Schweif, der stets von der Sonne abgewendet ist, auch wenn der Komet nach beendetem Kampf die Sonne flieht.

Nur die gröfsten Stücke (gröfser als 1 cm) setzen ihren ursprünglichen Weg fort, und kehren, falls die Bahn des Kometen eine elliptische ist, auch wieder zur Sonne zurück. Jeder dieser p e r i o d i s c h e n Kometen aber wird nach jedesmaligem Vorübergang bei der Sonne immer ärmer an Masse und sich schliefslich ganz auflösen, um jene Sternschnuppenschwärme zu bilden, so oft unsere Erdbahn die Bahn des einstigen

Kometen schneidet. Es scheint dies der Fall mit dem Biela-
schen Kometen zu sein, der alle $6^1/_2$ Jahre regelmäfsig wieder-
kehrte, aber seit 1856 nicht mehr erscheint. Wohl aber erhalten wir Kunde von seiner früheren, nun vernichteten
Existenz durch die reichlichen Sternschnuppenfälle am Ende
des Monats November, wo wir die Bahn des einstigen Biela-
schen Kometen kreuzen.

So lehrt die Anwendung des Ätherdrucks auf die bis dahin rätselhaften Erscheinungen der Kometen wieder einmal
recht deutlich, dafs die scheinbar rein akademischen Fragen
wie die Gültigkeit des Stefanschen Gesetzes für die schwarze
Strahlung oft die Antwort den interessantesten und wichtigsten
Fragen bringt. Wie die Spektralanalyse die Art der Substanzen erkennen lehrte, welche die Sonne, Sterne und Kometen bilden, so gibt die Theorie vom Strahlungsdruck Auf·
schlufs von der bisher rätselhaften Gestalt der Kometen,
der Bildung ihres Schweifes und ihrer Auflösung in einen
Sternschnuppenring. Aber auch über die Entstehung der
Sonnencorona, der Protuberanzen, des Zodiakallichtes und
ähnlicher, meist noch unerklärlicher Erscheinungen, ist diese
Theorie berufen, Licht zu verbreiten.

24. Die auf das Energiemaximum bezüglichen Gesetze. Schon
der oberflächliche Anblick der in Fig. 18 abgebildeten
Kurvenschar zeigt, dafs mit steigender Temperatur die
Energie jeder Wellensorte anwächst, dafs aber die Energie-
vermehrung um so gröfser ist, je kleiner die Wellenlänge ist. Unsere Messungen bestätigen also das Resultat
der bekannten Beobachtung, wonach die Körper mit der Rotglut zu glühen anfangen und bei allmählicher Temperatursteigerung in Weifsglut übergehen. Aber unsere Kurven
lassen nicht nur erkennen, wie die Energie für jede Welle
mit der Temperatur wächst, sondern sie sagen auch aus, wie
sich das Energiemaximum seiner Gröfse und Lage nach mit
wachsender Temperatur verändert. Wir wollen das Resultat
vorausnehmen. Bezeichnet man mit λ_m die Wellenlänge, bei
der die Energie ihr Maximum besitzt, mit E_m die Gröfse
dieser maximalen Energie und mit T die absolute Temperatur

der betreffenden Energiekurve, so gelten die folgenden, wichtigen Beziehungen:

$$\lambda_m \, T = \text{const.} \quad . \quad . \quad . \quad . \quad . \quad . \quad . \quad (2$$

und

$$E_m \, T^{-5} = \text{const.} \quad . \quad . \quad . \quad . \quad . \quad . \quad (3$$

Diese sagen aus:

1. Das Produkt aus der absoluten Temperatur und der Wellenlänge, bei welcher die Energie ihr Maximum hat, ist konstant.

2. Die maximale Energie ist proportional der fünften Potenz der absoluten Temperatur.

In der folgenden Tabelle II finden sich die der Kurvenschar entnommenen Daten, welche lehren, wie genau die beiden genannten Gesetze erfüllt sind. Die mit dem Mittelwert des Produktes $\lambda_m T$ berechneten Temperaturen der letzten Spalte zeigen auch hier, daß die kleinen Abweichungen recht wohl durch Fehler in der Temperaturmessung zu erklären sind. Aus der Tabelle folgt ferner, daß der Wert der Konstanten $\lambda_m T$ gleich 2940 ist.

Tabelle II.

T absolut	λ_m	F_m	$\lambda_m T$	$\dfrac{E_m}{T^5}$	T berechnet	Differenz Grad
1646	1,78	270,6	2928	2246	1653,5	$+$ 7,5
1460,4	2,04	145,0	2979	2184	1460	$-$ 0,4
1259	2,35	68,8	2959	2176	1257,5	$-$ 1,5
1094,5	2,71	34,0	2966	2164	1092,3	$-$ 2,2
998,5	2,96	21,50	2956	2166	996,5	$-$ 2,0
908,5	3,28	13,66	2980	2208	910,1	$+$ 1,6
723	4,08	4,28	2950	2166	721,5	$-$ 1,5
621,2	4,53	2,026	2814	2190	621,3	$+$ 0,1
		Mittel	2940	2188		

Auch diese beiden auf das Energiemaximum bezüglichen Gesetze sind auf theoretischem Wege für die schwarze Strahlung noch vor ihrer experimentellen Verifikation hergeleitet

worden.[1])   Die überraschende Einfachheit der drei Funda-
mentalgesetze der schwarzen Strahlung:

$$S = \int_0^\infty E_\lambda \, d\lambda = \sigma \, T^4 \quad \ldots \ldots \quad \text{(4a}$$

$$\lambda_m \, T = 2940 \quad \ldots \ldots \ldots \quad \text{(4b}$$

$$E_m \, T^{-5} = \text{const.} \quad \ldots \ldots \ldots \quad \text{(4c}$$

gibt der erwähnten Prophezeiung Kirchhoffs recht, »dafs
die Funktion, welche die Energie des schwarzen Körpers
in Beziehung zur Wellenlänge und Temperatur setzt, unzweifelhaft von einfacher Form ist, wie alle Funktionen es sind, die
nicht von den Eigenschaften einzelner Körper abhängen«.
Es ist höchst wahrscheinlich, dafs diese Gesetzmäfsigkeiten
für alle Wellen und bis zu den höchsten, denkbaren Temperaturen gelten, also Naturgesetze in des Wortes weitester
Bedeutung sind. Abgesehen von ihrer praktischen Wichtigkeit, sind diese Naturgesetze hauptsächlich deswegen aufserordentlich wertvoll, weil sie berufen und geeignet sind, die
»gasthermometrische« Temperaturskala durch die »ener-
getische« oder »strahlungstheoretische« zu ersetzen[2]),
welche durch jede der drei obigen Gleichungen definiert ist
und mit Hilfe der schwarzen Strahlung leicht reproduziert
werden kann. Wir kommen später auf diese wichtige Folgerung noch genauer zu sprechen.

Zunächst wollen wir uns an einem Zahlenbeispiel klar
machen, was diese Gesetze enthalten. Es wachse die absolute
Temperatur eines Körpers von 1000⁰ auf 2000⁰ oder von
1 auf 2; dann steigert sich laut Gl. (4a) die Gesamtstrahlung
von 1 auf 2^4, also von 1 auf

$$2 \times 2 \times 2 \times 2 = 16,$$

---

[1]) W. Wien. ›Eine neue Beziehung der Strahlung schwarzer
Körper zum zweiten Hauptsatz der Wärmetheorie.‹   Berl. Akad.
Ber. 1893, S. 55 bis 62. Vergl. auch Wied. Ann. Bd. 52, S. 132 bis
165, 1894. M. Thiesen: ›Über das Gesetz der schwarzen Strahlung.‹
Verhandl. d. Deutsch. Phys. Ges., Bd. II, S. 65 bis 70, 1900.

[2]) O. Lummer und E. Pringsheim.   ›Temperaturbestimmung
mit Hilfe der Strahlungsgesetze.‹   Phys. Zeitschr. Bd. 3, S. 97 bis
100, 1901 und Verhdlgn. d. Deutsch. Physik. Ges. 1903, Bd. V, Nr. 1,

während laut Gl. (4c) die maximale Energie sogar von 1 auf 2^5, also von 1 auf
$$2 \times 2 \times 2 \times 2 \times 2 = 32$$
ansteigt und sich dabei laut Gl. (4b) von der Wellenlänge
$$\lambda_m = \frac{2940}{1000} = 2,94\,\mu$$
nach
$$\lambda_m = \frac{2940}{2000} = 1,47\,\mu$$

verschiebt. Mit wachsender Temperatur verschiebt sich das Energiemaximum also immer mehr nach den kleinen Wellen; bei 5880^0 abs. ist es bei $\lambda = 0,5\,\mu$, also im gelbgrünen Teil des sichtbaren Spektrums angekommen, für welche Strahlensorte unser Auge am empfindlichsten ist.

25. Formel für die Energieverteilung (Spektralgleichung). Unsere Kurvenschar liefert auch das experimentelle Material zur Aufstellung einer Spektralgleichung für die Energieverteilung, welche aussagt, wie sich bei einer jeden beliebigen Temperatur die Energie von Wellenlänge zu Wellenlänge ändert. Der Erste, welcher die Energieverteilung im Spektrum verschiedener Körper, namentlich der Sonne, bolometrisch feststellte, war S. P. Langley.[1]

Gleich nachdem Langley seine epochemachenden Resultate publiziert hatte, versuchte man[2] diese auch auf theoretischem Wege, freilich unter der Voraussetzung etwas gewagter gaskinetischer Hypothesen herzuleiten, um so zu einer allgemein gültigen Spektralgleichung zu gelangen. Seitdem hat sich bis in die neueste Zeit die Theorie lebhaft mit der Frage beschäftigt, die Spektralgleichung der schwarzen Strahlung sowohl auf Grund der thermodynamischen[3] wie

---

[1] S. P. Langley. Ausführliche Mitteilung in Ann. Chim. et Phys., 6. Serie, Bd. 9, S. 433 bis 506, 1886.

[2] W. Michelson. »Versuch einer theoretischen Erklärung der Energieverteilung in den Spektren fester Körper.« Journal de la Soc. phys.-chim. russe (4) Bd. 19, S. 79, 1887. Journ. de phys. (2. Ser.) Bd. III, S. 467 bis 479, 1887.

[3] W. Wien. »Über die Energieverteilung im Emissionsspektrum des schwarzen Körpers.« Wied. Ann. Bd. 58, S. 662 bis 669, 1896.

der elektromagnetischen Anschauungen[1]) herzuleiten. Ich habe diese Bestrebungen in meinem Rapport: »Le rayonnement des corps noirs« ausführlich besprochen. Hier sei nur erwähnt, dafs diese theoretischen Spekulationen zu einer Spektralgleichung führten, welche die in Fig. 18 gestrichelten Energiekurven liefert, mit welcher unsere Beobachtungen also im Widerspruch standen, während sie freilich durch die Versuche Paschens[2]) vollkommen bestätigt wurde. Wie bestimmt und sicher aber auch die Theorie auftrat und wie sehr man geneigt war, unsere Versuche als fehlerhaft anzusehen, schliefslich hat sich der Wettstreit zu unseren Gunsten entschieden. Während sich die Paschenschen Versuche als ungenau und fehlerhaft erwiesen, hat auch die Theorie dem Experimente weichen müssen.[3])

Auf Grund unserer Versuche hat neuerdings M. Planck[4]) die folgende Spektralgleichung vorgeschlagen und theoretisch zu begründen versucht:

$$S = \frac{C\lambda^{-5}}{e^{\frac{c}{\lambda T}} - 1} \qquad \ldots \ldots \quad (5$$

in welcher mit S die Strahlungsenergie des schwarzen Körpers für die Welle λ bei der absoluten Temperatur T und mit e

---

[1]) M. Planck. ›Über irreversible Strahlungsvorgänge.‹ Sitzungsber. d. Berl. Akad. 1897, S. 57, 715 und 1122; 1898, S. 449 und 1899, S. 440 bis 480. Ann. d. Phys. I, S. 69 bis 122 und S. 719 bis 737, 1900.

[2]) F. Paschen. ›Über die Verteilung der Energie im Spektrum des schwarzen Körpers.‹ Berl. Akad. Ber. 1899, S. 405 bis 420 und S. 959 bis 976.

[3]) O. Lummer und E. Jahnke. ›Über die Spektralgleichungen des schwarzen Körpers und des blanken Platins.‹ Ann. d. Phys. (4) Bd. 3, S. 283 bis 297, 1900. — E. Jahnke, O. Lummer und E. Pringsheim. ›Kritisches zur Herleitung der Wienschen Spektralgleichung.‹ Ann. d. Phys. Bd. 4, S. 225, 1901. — O. Lummer und E. Pringsheim. ›Kritisches zur schwarzen Strahlung.‹ Ann. d. Phys. 4. Folge, Bd. 6, S. 192 bis 210, 1901.

[4]) M. Planck. ›Über eine Verbesserung der Wienschen Spektralgleichung.‹ Verhandl. d. Deutsch. Phys. Ges. Bd. 2, S. 202 bis 204, 1900.

die Basis der natürlichen Logarithmen bezeichnet ist, während
C und c zwei Konstanten bedeuten. Diese Spektralgleichung
wird auch gestützt durch die Versuche von H. Beckmann[1])
und H. Rubens und F. Kurlbaum[2]), welche die Abhängigkeit der schwarzen Strahlung für einige lange Wellen von der
Temperatur gemessen haben. In ihr sind natürlich die oben
angeführten Specialgesetze (4) mitenthalten. Gleichwohl bedarf
es noch ausgedehnterer Versuche, ehe diese Spektralgleichung
als das wahre Gesetz der schwarzen Strahlung mit der
Gültigkeit eines Naturgesetzes hingestellt werden kann. Sicher
aber dürfen wir behaupten, daß die Emissionsfunktion des
schwarzen Körpers, d. h. die Konstante des Kirchhoffschen
Gesetzes, in ihrer Abhängigkeit von Wellenlänge und Temperatur mit einer Genauigkeit bekannt ist, welche zur Beantwortung verschiedener wichtiger, technischer Fragen vollkommen ausreicht.

**25. Temperaturbestimmung gebräuchlicher Lichtquellen, der
Sonne und einiger Fixsterne.** Jede einzelne der drei Gleichungen (4) kann dazu benutzt werden, um aus der Strahlung
eines schwarzen Körpers seine Temperatur zu bestimmen.
Experimentell am einfachsten ist die Anwendung der Gleichung:

$$\lambda_m T = 2940 \quad \ldots \ldots \ldots \quad (6$$

bei der man lediglich die Lage λ_m des Energiemaximums zu
bestimmen braucht, um aus

$$T = \frac{2940}{\lambda_m}$$

die Temperatur zu erhalten. Da die Lage des Maximums
dieselbe bleibt, wenn man die Energie aller Wellen gleich-
mäßig schwächt, so ist diese Gleichung auch anwendbar auf
sogenannte »graue« Körper, welche alle Wellen gleichviel
reflektieren, bei denen also die Form der Energiekurve den-

---

[1]) H. Beckmann. Inaug. Dissert. 1898.
[2]) H. Rubens und F. Kurlbaum. »Über die Emission lang-
welliger Wärmestrahlen durch den schwarzen Körper bei verschiedenen Temperaturen.« Sitzungsber. d. Berl. Akad. 1900, S. 929
bis 941. Ann. d. Phys. Bd. 4, S. 649 bis 666, 1901.

selben Verlauf hat wie beim schwarzen Körper, während die Größe der Energie für alle Spektralbezirke um den gleichen Prozentsatz geschwächt ist. Freilich ist diese Methode nicht sehr genau, da sich die Lage des Maximums nicht sehr genau ermitteln läfst.

Um obige Gleichung anwenden zu können, mufs man also sicher sein, dafs der Strahlungskörper ein »schwarzer« oder »grauer« ist. Wie erfährt man nun aber, ob ein Körper alle Wellen im gleichen Prozentsatz reflektiert? Glücklicherweise umgehen wir die schwierige Beantwortung dieser heiklen Frage, indem wir wieder das blanke Platin zu Rate ziehen. Auch bei ihm gilt nach unseren Versuchen mit grofser Annäherung das Gesetz:

$$\lambda_m T = \text{const.},$$

wie beim schwarzen Körper, nur dafs der Wert der Konstanten ein anderer und zwar gleich 2630 ist. Mit Hilfe der beiden Beziehungen:

$$\lambda_m T = 2940$$

für den schwarzen Körper und

$$\lambda_m T = 2630$$

für das blanke Platin kann man also die Temperatur derjenigen Strahlungskörper innerhalb zweier Grenzen einschliefsen, deren Strahlungseigenschaften zwischen denen des schwarzen Körpers und des blanken Platins liegen, welche also zur Klasse: »Platin = Schwarzer Körper« gehören. Hat man für diese Substanzen die Lage λ_m des Energiemaximums im Spektrum bestimmt, so erhält man seine Maximal- bezw. Minimaltemperatur, indem man 2940 bezw. 2630 durch λ_m dividiert. Auf diese Weise sind die in folgender Tabelle III verzeichneten Temperaturen gewonnen[1]), deren Richtigkeit mit der Gültigkeit der genannten Hypothese steht und fällt. Diese dürfte sicher aber für alle diejenigen Lichtquellen gelten, in denen die Kohle in festem Zustand glüht, weil diese wohl

---

[1]) O. Lummer und E. Pringsheim. »Temperaturbestimmung fester glühender Körper.« Verhandl. d. Deutsch. Phys. Ges. Bd. I, S. 230 bis 235, 1899.

kaum ein so gut reflektierender Körper wie blankes Platin sein und eher einem »grauen« Körper ähneln dürfte.

Tabelle III.

	λ_m	$T_{max.}$	$T_{min.}$
Bogenlampe . . .	0,7 μ	4200° abs.	3750° abs.
Nernstlampe . . .	1,2	2450	2200
Auerlampe . . .	1,2	2450	2200
Glühlampe . . .	1,4	2100	1875
Kerze	1,5	1960	1750
Argandlampe . .	1,55	1900	1700

Hat man die Temperatur einer Lichtquelle gefunden, so kann man mittels der allgemeinen Spektralgleichung für diese Temperatur die Energieverteilung der schwarzen Strahlung berechnen und mit ihr die beobachtete vergleichen. Dazu bringt man beide Kurven mit ihren Maximis künstlich zur Deckung. Wir haben dies für die Nernstlampe und die gewöhnliche Glühlampe getan, und es finden sich in Fig. 21 die beobachteten Kurven stark, die berechneten Kurven dagegen gestrichelt gezeichnet. Wenn man aus der guten Übereinstimmung beider Kurven auch nicht schließen darf, daß die hier in Frage kommenden Glühsubstanzen »schwarze« bezw. »graue« Körper sind, so folgt daraus doch mit Sicherheit, daß sie noch recht weit vom idealen Leuchtkörper entfernt sind.

Wo, wie bei der Glühlampe, die beiden Kurven sich schneiden (etwa bei 2,8 μ), da setzt die Absorption der Glasbirne ein, denn Glas absorbiert alle Wellen von 3 μ aufwärts so gut wie ganz.

Nach der gleichen Methode ist neuerdings die Temperatur der Acetylenflamme zwischen die Grenzen 2700° und 3000° eingeschlossen worden[1]), während man sie unter Anwendung des Thermoelements früher auf 1800° bestimmt

---

[1]) G. W. Stewart. »Die Energieverteilung im Spektrum der Acetylenflamme.« Physic. Rev. Bd. 14, S. 257 bis 282, 1901.

hatte.[1]) Nach neueren von F. Kurlbaum[2]) ausgeführten Temperaturmessungen an Flammen sollen die in ihnen glühenden Kohlenstoffteilchen selektiver als blankes Platin sein, so daſs die auf obige Weise bestimmten Flammentemperaturen zu hoch seien. Selbst wenn aber die Kurlbaumsche Methode der Temperaturbestimmung für alle

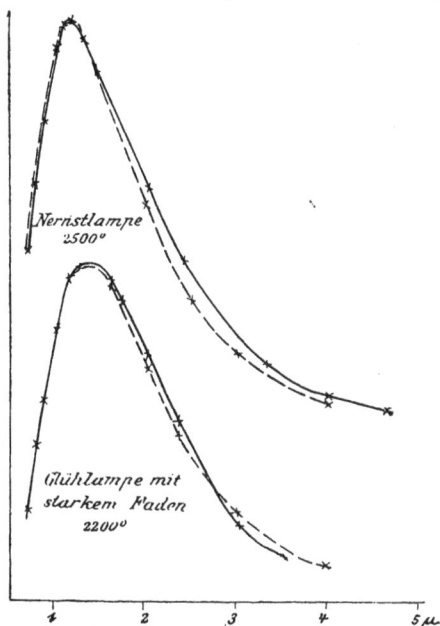

Nernstlampe 2500°

Glühlampe mit starkem Faden 2200°

Fig. 21.

leuchtenden Flammen richtige Werte der Temperatur liefern würde, bedürfte der von Kurlbaum gezogene Schluſs noch einer näheren Begründung.[3])

---

[1]) E. L. Nichols. ›Über die Temperatur der Acetylenflamme.‹ Phys. Rev. Bd. 10, S. 234 bis 252, 1900.

[2]) F. Kurlbaum. ›Über eine einfache Methode, die Temperatur leuchtender Flammen zu bestimmen.‹ Phys. Zeitschr. Bd. III, S. 187, 1902.

[3]) O. Lummer und P. Pringsheim. ›Temperaturbestimmung nichtleuchtender Flammen.‹ Phys. Zeitschr. Bd. III, S. 233, 1902.

Aus den Werten von $\lambda_m\,T$ für Platin und den schwarzen Körper kann man auch auf die Temperatur der Sonne schließen, wenn man für sie die Lage des Energiemaximums kennt und annimmt, daß ihre Strahlungseigenschaften zwischen denen des Platins und des schwarzen Körpers liegen. Die Langleyschen Messungen im Sonnenspektrum ergeben für die Lage des Maximums $\lambda_m = 0{,}5\,\mu$, so daß man für die Temperatur der Sonne erhält:

$$T = \frac{2940}{0{,}5} = 5880^0 \text{ abs.},$$

wenn man sie als schwarzen Körper auffaßt, oder aber:

$$T = \frac{2630}{0{,}5} = 5260^0 \text{ abs.},$$

wenn man sie als blankes Platin auffaßt.

Aus der Solarkonstanten oder der Energie, welche die Sonne der Erde pro Quadratcentimeter und Minute zusendet, folgt unter Benutzung des Stefanschen Gesetzes im Mittel etwa 6500^0 abs.[1], so daß die Temperatur von 6000^0 der wahren Sonnentemperatur sehr nahe kommen dürfte.

Ganz neuerdings hat Baron Harkanyi[2] unsere Methode sogar übertragen auf die Temperaturbestimmung derjenigen Fixsterne, welche ein kontinuierliches Spektrum aussenden. Diese interessante Studie lehrt, daß einige dieser Fixsterne zwar die Sonnentemperatur noch um einige tausend Grad übertreffen dürften, daß ihre Temperatur aber weit unter der früher vermuteten und für möglich gehaltenen zurückbleibt. Bekanntlich hatte man ja auch die Sonnentemperatur aus mechanischen Prinzipien und unter Anwendung falscher Strahlungsgesetze auf Hunderttausend und Millionen Grade geschätzt.[3]

---

[1] E. Warburg »Bemerkung über die Temperatur der Sonne.« Verhdl. d. Deutsch. Phys. Ges. Bd. I, S. 50 bis 52, 1899.

[2] Baron A. Harkànyi. »Über die Temperaturbestimmung der Fixsterne auf spektralbolometrischem Wege.« Astronom. Nachr. Nr. 3770, Bd. 158, Februar 1902.

[3] Vgl. J. Scheiner »Strahlung und Temperatur der Sonne.« Leipzig, W. Engelmann, 1899.

26. Zweites Ziel der Leuchttechnik (Beziehung zwischen der Helligkeit und der Temperatur). Durch die Temperaturbestimmung der Lichtquellen und die Vergleichung ihrer Energieverteilung mit derjenigen des schwarzen Körpers haben wir kennen gelernt, daſs wir noch weit von dem hohen Ziele entfernt sind: Licht ohne Wärme zu erzeugen. Erst wenn der »ideale« Leuchtkörper aufgedeckt sein wird, kann die mit der Öllampe der Alten begonnene Trennung von Licht und Wärme als vollzogen betrachtet werden. Bei dem Streben nach der Verwirklichung dieses Zieles muſs man aber noch ein zweites Ziel im Auge behalten, dessen Bedeutung man erkennt, wenn man die Abhängigkeit der Helligkeit von der Temperatur diskutiert.

a) Fortschreiten der Helligkeit einer einzelnen Farbe mit der Temperatur: Wir haben bisher gefunden, daſs die Gesamtstrahlung proportional zur vierten Potenz, und die Energie des Maximums sogar mit der fünften Potenz der absoluten Temperatur fortschreitet. Wir werden sehen, daſs die als Licht empfundene Energie oder die Helligkeit noch bedeutend schneller mit der Temperatur ansteigt.

Um zu wissen, wie die Helligkeit von der Temperatur abhängt, kann man auf die Spektralgleichung der schwarzen Strahlung zurückgreifen und für jede Welle im sichtbaren Spektrum die Energie für die verschiedenen Temperaturen berechnen. Oder aber man miſst direkt mittels des Spektralphotometers die Helligkeit für einige Temperaturen des schwarzen Körpers und konstruiert sich eine Kurve. Diese »isochromatischen« Kurven nehmen eine besonders einfache Form an, wenn man wie in Fig. 22 als Abszissen die reciproken Werte der abs. Temperatur $\frac{1}{T}$ und als Ordinaten die Logarithmen der als Licht empfundenen Energie $\lg E$ aufträgt. Wie die Figur zeigt, sind diese Kurven identisch mit geraden Linien.[1] Die hier wiedergegebenen Kurven sind von

---

[1] H. Wanner. »Photometrische Messung der Strahlung schwarzer Körper.« Ann. d. Phys. Bd. II, S. 141 bis 157, 1900. — F. Paschen und H. Wanner. Vgl. Note 2 auf S. 386, rechts. O. Lummer und

Pringsheim und mir mittels eines Lummer-Brodhunschen Spektralphotometers[1]) gewonnen worden. Aus ihrer steilen Richtung folgt, daß sich die Helligkeit mit der Temperatur enorm schnell ändert. Gemäß der »Isochromate« für Gelb (Wellenlänge 0,589 μ des Natriumlichtes) z. B. verdoppelt sich die Helligkeit, wenn sich die Temperatur des schwarzen Körpers nur von 1800° auf 1875° abs., d. h. um nur 4% erhöht. Noch schneller

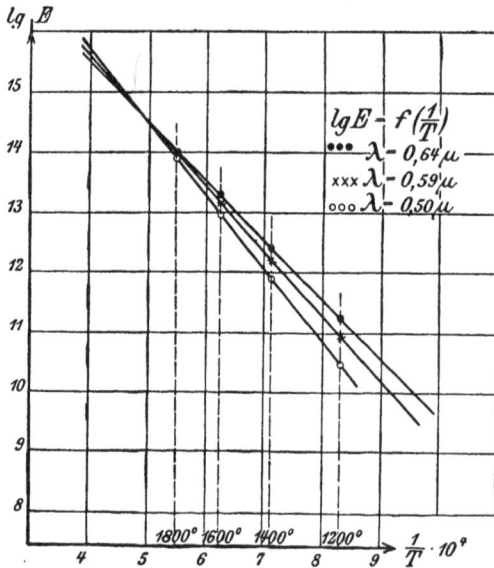

Fig. 22.

wächst die Helligkeit im blauen Teile des Spektrums, während sie um so langsamer mit der Temperatur ansteigt, je weiter die Welle nach dem Ultrarot liegt.

E. Pringsheim. »Temperaturbestimmung hocherhitzter Körper (Glühlampe u. s. w.) auf bolometrischem und photometrischem Wege.« Verhdl. d. Deutsch. Physik. Ges. Bd. III, S. 36 bis 46, 1901.

[1]) O. Lummer und E. Brodhun. »Ein neues Spektralphotometer.« Zeitschr. für Instrumentenkunde Bd. 12, S. 132, 1892.

b) Spektralphotometrische Temperaturbestimmung: Diese isochromatischen Geraden bilden die Grundlage für eine sehr genaue spektralphotometrische Temperaturbestimmung der Lichtquellen. Bei ihr braucht man nur die Helligkeit der zu untersuchenden Lichtquelle für eine der in Fig. 22 aufgeführten Wellen zu bestimmen, den Logarithmus dieser Energie als Ordinate in die zur Welle gehörigen »Isochromate« einzupassen, um aus der zugehörigen Abszisse die Temperatur zu finden. Diese rein spektral-photometrische Methode der Temperaturbestimmung zeichnet sich dadurch vor den früher genannten aus, daſs sie auch für Strahlungskörper, welche so bedeutend vom schwarzen Körper abweichen, wie das blanke Platin und die Metalle, nahe richtige Werte liefert. Um die Fehlergrenze der Methode kennen zu lernen, wendeten wir sie auf blankes Platin an, also einen Körper, der sehr weit vom schwarzen entfernt ist. Wir bestimmten die Temperatur des Platins aus den isochromatischen Geraden und gleichzeitig direkt mit einem Thermoelement. Die Differenzen sind verhältnismäſsig geringe, bei 1100^0 abs. etwa 40^0, bei 1880^0 abs. etwas über 100^0. Bei den meisten anderen Körpern, besonders dem für die Strahlungstechnik wichtigsten, der Kohle, werden die Fehler bedeutend kleiner sein. Der Grund hierfür ist in dem enorm schnellen Anwachsen der Helligkeit einer Farbe mit der Temperatur zu suchen. Hierdurch folgt auch noch weiter, daſs die Genauigkeit der photometrischen Einstellung eine sehr nebensächliche Rolle spielt. Ein Einstellungsfehler von 10% bewirkt in der Temperaturbestimmung erst einen Fehler von etwa 10^0 bei der Temperatur weiſsglühenden Platins. Diese Methode bildet daher die Grundlage für die neueren »optischen Pyrometer«[1]), welche mittels einer einzigen photo-

---

[1]) L. Holborn und F. Kurlbaum. ›Über ein optisches Pyrometer.‹ Berl. Akad. Ber. 1901, S. 712 bis 719. — O. Lummer. ›Ein neues Interferenz-Photo- und Pyrometer.‹ Verhandl. d. Deutschen Phys. Ges. Bd. III, S. 131 bis 147, 1901. Phys. Zeitschr. Bd. III, S. 219 bis 222, 1901. — H. Wanner. ›Über einen Apparat zur photometrischen Messung hoher Temperaturen.‹ Phys. Zeitschr. Bd. 3, S. 105 bis 128, 1901. — Ältere Literatur vergl. Le Chatelier und Boudouard ›Températures élevées, Paris 1900.

metrischen Einstellung die Temperatur einer Flamme, eines Hochofens u. s. w. bis auf etwa 100^0 genau zu messen und bis auf wenige Grade zu reproduzieren erlauben.

Die spektralphotometrische Methode der Temperaturbestimmung wurde auf eine starkfadige Glühlampe bei verschiedenen Glühzuständen angewendet, für deren Temperatur wir früher aus der Beobachtung der spektrobolometrisch gefundenen Lage des Energiemaximums einen Maximal- und einen Minimalwert bestimmt hatten. Die photometrische Methode ergibt für einen nicht schwarzen Körper stets einen zu kleinen Wert. In der Tat fällt die so für die Glühlampe bei den verschiedenen, durch die Stromstärke definierten Glühzuständen gefundene Temperatur zwischen die früher bestimmten Werte:

Ampere	Absolute Temperatur des Kohlefadens		
	photometrisch T	bolometrisch	
		$T_{max.}$	$T_{min.}$
9,46	1760	1840	1640
12,87	2040	2100	1880
15,12	2190	2300	2050

Die Temperaturen der Glühlampe sind also zwischen die ziemlich engen Grenzen 1760 und 1840, 2040 und 2100, 2190 und 2300^0 abs. eingeschlossen, eine Genauigkeit der Temperaturmessung, welche vor wenigen Jahren noch für unmöglich gehalten worden wäre!

c) Abhängigkeit der Gesamthelligkeit von der Temperatur: Aufser diesen Messungen im Spektrum liegen noch photometrische Beobachtungen vor, bei denen das Fortschreiten der gesamten, als Licht empfundenen Energie bestimmt wurde.[1] Diese lehren, dafs auch die gesamte

---

[1] O. Lummer und F. Kurlbaum. »Über das Fortschreiten der photometrischen Helligkeit mit der Temperatur.« Verhandl. der Deutsch. Phys. Ges., Bd. 2, S. 89 bis 92, 1900. Vgl. auch O. Lummer und E. Pringsheim. Tätigkeitsbericht der Phys. Techn. Reichsanstalt 1900.

Helligkeit beim Platin und beim schwarzen Körper noch
weit schneller anwächst mit der Temperatur als das Energiemaximum. Für Platin erhielten wir folgende Resultate:
Sind H_1 und H_2 die beiden photometrischen Helligkeiten
des Strahlungskörpers und T_1 und T_2 die beiden zugehörigen
absoluten Temperaturen, so kann gesetzt werden

$$\frac{H_1}{H_2} = \left(\frac{T_1}{T_2}\right)^x,$$

wobei x nur innerhalb des kleinen benutzten Temperatur-
intervalles gültig ist. So wurden, bei verschiedenen Temperaturen beginnend, die in der folgenden Tabelle angegebenen
Werte von x gefunden:

T abs.	900	1000	1100	1200	1400	1600	1900
x	30	25	21	19	18	15	14

Es schreitet also die Gesamthelligkeit in der
Nähe der Rotglut zur 30. Potenz und bei hoher
Weifsglut immer noch zur 14. Potenz der abso-
luten Temperatur fort.

Ein ähnlich schnelles Anwachsen der Helligkeit ergibt
sich auch aus Versuchen, welche Pringsheim und ich angestellt haben, um die Gesamtlichtstärke des schwarzen
Körpers in Hefnerkerzen auszudrücken. Wir fanden für
1 qmm des schwarzen Körpers

bei 1175⁰ C etwa 0,0042 HK

» 1325⁰ C » 0,0220 »

» 1435⁰ C » 0,0635 »

durch Extrapolation würden sich daraus ergeben

bei 1500⁰ C etwa 0,1 HK

» 1700⁰ C » 0,5 »

» 1800⁰ C » 1,0 »

Eine Extrapolation der beim Platin gewonnenen Beziehung zwischen der Temperatur und der Helligkeit macht
es wahrscheinlich, dafs sich die Potenz x mit beliebig steigen-

7*

der Temperatur dem Wert 12 asymptotisch nähern würde.[1]) Nahe dieselbe Potenz wird auch für die anderen nichtschwarzen Strahlungskörper gelten. Erhöhen wir die Temperatur eines Leuchtkörpers von 2000^0 auf 4000^0 oder von 1 auf 2, so steigt demnach seine Helligkeit mindestens von 1 auf 2^{12} d. h. auf $2.2.2.2.2.2.2.2.2.2.2.2$ oder von 1 auf 4000. Nun glüht die Kohle in der Bogenlampe bei 4000^0, die Kohle in der Glühlampe etwa bei 2000^0; unserem Gesetze gemäfs sendet also die Bogenlampe pro Flächeneinheit rund 4000 mal mehr Licht aus als die Glühlampe. Die Sonne, welche bei rund 6000^0 glüht, übertrifft die Glühlampe an Helligkeit pro Flächeneinheit also sogar um das 3,12 fache, d. h. um das 600 000 fache.

27. Interferenz-Photo- und Pyrometer.[2]) Als photometrisches Kriterium werden die sogenannten Herschelschen Interferenzstreifen an der Grenze der totalen Reflexion verwendet, welche entstehen, wenn man zwei rechtwinklige Prismen mit ihren Hypotenusenflächen aufeinander legt (vergl. Fig. 24, S. 105) und längs der total reflektierten Strahlen nach einer matten Scheibe, einer Flamme oder einer Wolke etc. blickt. Da diese Interferenzstreifen im durchgehenden und reflektierten Lichte zueinander komplementär sind, so müssen sie verschwinden, wenn sie von gleicher Intensität sind. Aus dem Verschwinden dieser Streifen kann man also rückwärts auf die Helligkeit der matten Scheiben, Flamme etc. schliefsen.

Wie ich an anderer Stelle dargetan habe[3]), sind diese Herschelschen Streifen identisch mit den von mir in meiner

---

[1]) Ch. Ed. Guillaume. >Les lois du rayonnement etc.< Revue gén. des Sciences pures et appl. Bd. 12, S. 364, 1901.

[2]) O. Lummer: >Ein neues Interferenz-Photo- und Pyrometer<. Verhandl. d. Deutsch. Phys. Ges., Bd. III, S. 131 bis 147, 1901 und Physik. Z. S., Bd. III, S. 219 bis 222, 1901. Dieses Instrument dürfte für die Leser des Gasjournals vor allem deswegen interessant sein, weil es wie kein anderes Photometer erlaubt, auch sehr benachbarte Teile einer leuchtenden Fläche zu photometrieren.

[3]) O. Lummer, >Complementäre Interferenzerscheinungen im reflektierten Lichte<. Sitzungsber. d. K. Akad. d. Wissensch. zu Berlin, S. 504 bis 513, 1900.

Dissertation behandelten Interferenz-
ringen an einer planparallelen Platte[1]),
welche im Unendlichen gelegen sind,
und sie besitzen eine Schärfe und Prä-
zision, welche von keiner anderen Erscheinung erreicht wird.[2]) Hat man
also auf weite Entfernung akkomodiert,
so sieht man die Streifen zugleich mit
dem anvisierten hellen Objekt, auf
welchem sie sich in gröfster Schärfe
darbieten: **Das photometrische
Kriterium ist hier also auf dem
zu messenden Objekt gelegen.**

Aus der Fig. 23 ist die Anwendung und Handhabung des Photometers für die verschiedenen Zwecke
ersichtlich.

1. **Messung von Lichtstärken.**
Dieser Zweck wird erreicht, wenn man,
wie es schon Fuchs[3]) getan hat, vor
den Würfel $ABCD$ die matten Scheiben S_1 und S_2 bringt. Man vergleicht
dann die von der Lichtquelle L_1 am
Orte von S_1 hervorgebrachte Beleuch-

---

[1]) O. Lummer: ›Über eine neue Inter-
ferenzerscheinung an planparallelen Glas-
platten und eine Methode, die Plan-
parallelität solcher Gläser zu prüfen.‹
Inaug-Dissert. Wied. Ann. Bd. 23, S. 49
bis 84, 1884.

[2]) O. Lummer ›Neue Interferenzmethode zur Auflösung feinster Spektrallinien‹. Verhandl. d. Deutsch. Phys. Ges.
Bd. 3, 85 bis 98, 1901. Vgl. auch O.Lummer
u. E. Gehrcke. Berl. Akad. Ber. 1902, S. 11
bis 17.

[3]) Fr. Fuchs, Wied. Ann. 11, S. 165
bis 173, 1880.

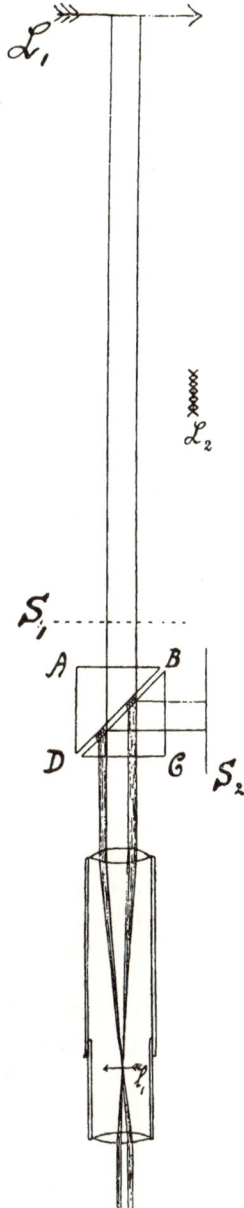

Fig. 23.

tungsstärke mit der von der Vergleichslichtquelle L_2 am Orte von S_2 erzeugten Helligkeit.

2. Vergleichung der Helligkeitsverteilung auf einer leuchtenden Fläche. Für diesen Zweck nimmt man die matte Scheibe S_1 fort, so daſs man durch den Würfel direkt auf die leuchtende Fläche L_1 blickt, deren Helligkeit man messen will.

Die auf dieser Fläche liegenden Interferenzstreifen bringt man wiederum zum Verschwinden durch Verschiebung der Vergleichslichtquelle L_2.

Ist die Helligkeit der anvisierten Fläche überall gleichhell, so verschwinden alle Streifen zugleich.

Variiert die Helligkeit von Ort zu Ort genügend stark, so werden immer nur einige Streifen ausgelöscht. Man kann also mit diesem Instrument die Helligkeiten sehr benachbarter Stellen einer Fläche vergleichen und leicht feststellen, wie die Helligkeit auf einer Lampenglocke, auf einer Wolke, längs einer Flamme, eines glühenden Platinbleches etc. von Stelle zu Stelle wechselt.

3. Um das Photometer als Pyrometer zu benutzen, bedarf es einer einmaligen Eichung mit Hilfe des schwarzen Körpers.[1]

28. Die strahlungstheoretische Temperaturskala und ihre Verwirklichung bis 2300° abs. Bisher beruht die wissenschaftliche Temperaturmessung auf der Ausdehnung der Gase. Bei hohen Temperaturen aber stöſst die Anwendung des Gasthermometers auf groſse Schwierigkeiten und es ist bisher noch nicht gelungen, exakte Messungen nach der gasthermometrischen Skala bei Temperaturen über 1150° C auszuführen. Andere thermometrische Methoden, z. B. die thermoelektrische, lassen sich zwar bis zu erheblich höheren Temperaturen mit groſser Genauigkeit durchführen, sind aber nur durch Extrapolation einer empirischen Formel an die gasthermometrische Skala angeschlossen. Es fehlte somit bisher für das Gebiet der hohen Temperaturen eine brauchbare Meſsmethode, deren Angaben auf die gasthermometrische Skala bezogen sind.

---

[1] Die Firma Fr. Schmidt & Hänsch ist damit beschäftigt, dieses Photometer für den technischen Gebrauch durchzukonstruieren.

Durch die Verwirklichung der schwarzen Strahlung und die experimentelle Festlegung ihrer Gesetze ist ein neuer Weg zur Erreichung dieses Zieles eröffnet. Jedes der als richtig erwiesenen und oben ausführlich besprochenen Strahlungsgesetze ist geeignet, als Grundlage einer Meßmethode innerhalb des Temperaturintervalls zu dienen, für welches das betreffende Gesetz experimentell bestätigt ist.

Ob diese Gesetze auch oberhalb der Grenze gelten, bis zu welcher die direkten luftthermometrischen Messungen reichen, ist eine sehr wichtige Frage, deren Beantwortung auf direktem Wege wenigstens vorläufig unmöglich erscheint. Setzt man aber voraus, daß sie wahre Naturgesetze vorstellen und somit für alle Temperaturen gültig sind, dann muß sich für die Temperatur eines schwarzen Körpers nach allen den verschiedenen Methoden der gleiche Wert ergeben, wie hoch diese Temperatur auch sein mag.

Zur Verwirklichung der schwarzen Strahlung bei möglichst hoher Temperatur diente der oben abgebildete Kohlekörper (vgl. Fig. 15, S. 64).

Die zu Grunde gelegten Methoden der Temperaturbestimmung bildeten:

1. Das Stefansche Gesetz, gemäß welchem die absolute Temperatur gleich ist der vierten Wurzel aus der Gesamtstrahlung (vgl. S. 77).

2. Das Wiensche Gesetz, gemäß welchem die absolute Temperatur gleich ist der fünften Wurzel aus der maximalen Energie im Spektrum (vgl. S. 86).

3. Das photometrische Gesetz, welches aus der Helligkeit des schwarzen Körpers für eine bestimmte Farbe (Spektralbezirk) auf die Temperatur zu schließen erlaubt (vgl. S. 96).

Der schwarze Kohlekörper war fahrbar montiert, so daß seine Strahlung schnell hintereinander mittels des Flächenbolometers, des Spetrobolometers und des Spektralphotometers gemessen werden konnte, welche mit Hilfe des absolut schwarzen Porzellankörpers (vgl. Fig. 12, S. 61) von bekannter Temperatur geeicht worden waren.

In der Tabelle sind die Resultate einer Beobachtungs-
reihe in zeitlicher Aufeinanderfolge mitgeteilt.

Reihen-folge	Methode	Abs. Temp.	90 cm	60 cm	0,62 μ	0,59 μ	0,55 μ	0,51 μ	0,49 μ
1.	Helligkeit . . .	2310	—	—	2294	2315	2309	2312	2320
2.	Gesamtstrahlung	2325	2317	2335	—	—	—	—	—
3.	Helligkeit . . .	2320	—	—	2307	2307	2315	2331	2339
4.	Gesamtstrahlung	2330	2330	2330	—	—	—	—	—
5.	Energiemaximum	2330	—	—	—	—	—	—	—
6.	Helligkeit . . .	2330	—	—	2325	2327	2325	2339	2333
7.	Gesamtstrahlung	2345	2348	2339	—	—	—	—	—
8.	Energiemaximum	2320	—	—	—	—	—	—	—

Die spektralphotometrisch gewonnenen Temperaturen sind
in den Zeilen 1, 3 und 6 enthalten, wobei der unter »Temperatur« angegebene Wert der Mittelwert aus den für die verschiedenen Wellenlängen gefundenen und in der Tabelle aufgeführten Zahlen ist. Die Zeilen 2, 4 und 7 enthalten die mit
dem Flächenbolometer gewonnenen Temperaturen als Mittel
der für die beiden Entfernungen 90 cm und 60 cm gesondert
angegebenen Zahlen. Die Zeilen 5 und 8 geben die aus der Intensität des Energiemaximums erhaltenen Temperaturen wieder.

In Fig. 24 ist die Energiekurve des Kohlekörpers für
die so bestimmte absolute Temperatur 2320° wiedergegeben,
wobei die beobachteten Punkte durch Kreise bezeichnet sind,
und einige zur Eichung des Spektrobolometers benutzte Energiekurven von niedrigerer Temperatur eingetragen, welche mit
dem schwarzen Porzellankörper gewonnen sind.

Wie die Betrachtung der Fig. 24 zeigt, ist die Bestimmung
der Lage (λ_m) des Energiemaximums relativ ungenau, und
zwar um so ungenauer, je näher das Maximum an das sichtbare Gebiet rückt; da der Fehler von λ_m mit seiner ganzen
Gröfse in die Temperaturbestimmung aus $\lambda_m T = 2940$ ein-
geht, so kann diese Methode der Temperaturbestimmung mit
den anderen Methoden nicht konkurrieren. Der aus λ_m gefundene Wert der Temperatur ist daher in der Tabelle nicht
aufgeführt.

Die Übereinstimmung der nach den verschiedenen Methoden gefundenen Temperaturen ist eine so gute, daſs damit die Gültigkeit der zu Grunde gelegten Strahlungsgesetze bis 2300° abs. so gut wie erwiesen und die Grenze der exakten Temperaturmessung um fast 1000° erweitert worden ist.

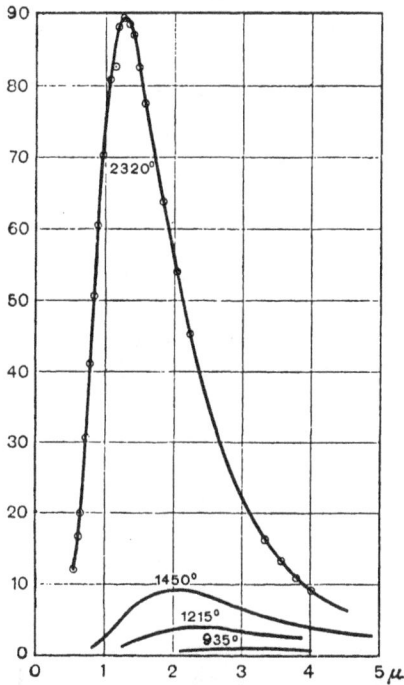

Fig. 24.

Geht man aber weiter und definiert die absolute Temperatur direkt durch die schwarze Strahlung, etwa indem man die Temperatur als eine bestimmte Funktion der Gesamtstrahlung definiert, so gewinnt man eine neue, absolute, strahlungstheoretische Temperaturskala. Wählt man als diese Funktion die vierte Wurzel aus der Gesamtstrahlung und nimmt man ferner die konventionelle Festsetzung hinzu, daſs die Temperaturdifferenz zwischen dem

Siedpunkt und dem Gefrierpunkt des Wassers 100° beträgt, so stimmen die Angaben der neuen Skala auch mit denen der gasthermometrischen Skala überein.

29. Die Lichtquellen nach ihrem physikalischen Wert geordnet. Welch beredte Sprache reden obige Zahlen, welche das Fortschreiten der Helligkeit mit der Temperatur illustrieren, dafür, dafs man bei Verfolgung des ersten Zieles der Leuchttechnik, ideale Leuchtkörper ausfindig zu machen, gleichzeitig auch das zweite Ziel im Auge zu behalten hat: Ideale Leuchtkörper zu suchen, welche auf die gröfstmögliche Temperatur erhitzt werden können und in ihnen feuerbeständig sind! Sehen wir uns jetzt unter den gebräuchlichen Lichtquellen um, inwieweit die verschiedenen Arten noch von den beiden Zielen entfernt sind.

Die gewöhnlichen Flammen, die Kerze, die Gasflamme, die Acetylenflamme u. s. w. sind nach ihrer ganzen Art der Entstehung als gegebene Gröfsen zu betrachten, da bei ihnen notwendig der in feinstem Zustande ausgeschiedene Kohlenstoff leuchtet und dieser jedenfalls nur diejenige Temperatur annehmen kann, welche durch die Verbrennung des betreffenden Kohlenwasserstoffs entsteht. Diese ist bei der Kerze, der Petroleumflamme und Gaslampe relativ klein und, da der leuchtende Kohlenstoff an »Schwärze« dem absolut schwarzen Körper nicht viel nachsteht, so leuchten diese Flammen sehr unökonomisch und nehmen mit die letzte Stelle der photometrisch-ökonomischen Reihe ein. Je nach der Beschaffenheit der Brenner ist natürlich die Temperatur und demnach auch die Ökonomie eine verschiedene.

Auffallend ist auf den ersten Blick, dafs das Acetylenlicht von rund 3000° Temperatur an gleicher Stelle mit der gewöhnlichen Gasflamme von nur 2000° rangiert. Bei beiden Flammen leuchtet fein verteilter Kohlenstoff, also müfste die Acetylenflamme, die Richtigkeit der Temperaturbestimmung vorausgesetzt, infolge der höheren Verbrennungstemperatur rund $\left(\dfrac{3000}{2000}\right)^{12}$, d. h. 130 mal heller leuchten als die Gasflamme und seine Lichtstärke pro Kerze 130 mal billiger sein.

Daſs dies nicht der Fall ist, liegt nur zum Teil daran, daſs der Preis des Brennmaterials bei beiden Gasarten verschieden ist. Denn der Preisunterschied bedingt nur eine 12 mal so schlechte Ökonomie des Acetylens gegenüber dem Gas, insofern 1000 l Gas M. 0,13 und 1000 l Acetylen M. 1,50 kosten. Zum andern Teil dürfte die geringere Ökonomie des Acetylengases in der Dichte der leuchtenden Flamme u. s. w. zu suchen sein, ein Einfluſs, der bisher noch nicht genügend studiert worden ist.

Freier sind wir schon beim Gasglühlicht und denjenigen Lichtquellen, bei denen feste Leuchtsubstanzen nach willkürlicher Auswahl zum Glühen gebracht werden. Bei der nichtleuchtenden Gas-, Knallgas- und Acetylenflamme und allen ähnlichen »Gasglühlichtern« in des Wortes weitester Bedeutung ist nur die Temperatur gegeben, während die Wahl der Leuchtsubstanz in unserem Belieben steht. Abgesehen davon ist von allen diesen Lichtquellen diejenige die ökonomischste, bei der, wie beim »Knöflerlicht« (Kreide in der nichtleuchtenden Acetylenflamme), die Temperatur wohl den höchsten Wert erreicht. Freilich hängt der Leuchteffekt auch hier nicht unwesentlich ab von der Art der leuchtenden Substanz und davon, ob diese auch die Temperatur der Flamme anzunehmen imstande ist. In dieser Beziehung dürfte der Auerstrumpf einzig dastehen und falls es gelänge, einen Glühstrumpf gar aus »idealer« Leuchtsubstanz herzustellen, welche die ganze Energie in Licht umsetzte und keine Wärmestrahlen aussendete, so wäre hier noch eine gewaltige Verbesserung der Ökonomie zu erhoffen.

Daſs die elektrischen Glühlichter, die gewöhnliche Glühlampe, die Nernstlampe und die Osmiumlampe trotz ihrer relativ hohen Temperatur mit dem Gasglühlicht nicht zu konkurrieren vermögen, liegt einfach am Preis des bei ihnen verwandten Heizmaterials, des elektrischen Stromes. Auch für sie gilt, daſs die Ökonomie um das zehn- und mehrfache gesteigert würde, wenn die bisherigen Glühsubstanzen durch »idealere« ersetzt werden könnten. Hier vor allem ist der technischen Forschung noch ein weites Feld geöffnet. Solange jedoch der »ideale« Leuchtkörper noch nicht gefunden

ist, gilt es, wenigstens das zweite Ziel zu erreichen und
Stoffe zu suchen, die durch den elektrischen Strom auf die
gröfstmögliche Temperatur erhitzt und auf ihr dauernd gehalten werden können. Was allein durch Steigerung der Temperatur erreicht werden kann, will ich Ihnen zum Schlufs
an einem Experiment mit der gewöhnlichen Glühlampe
demonstrieren.

Auf diesem Schaltbrett (Demonstration) ist eine 45 Volt-
lampe montiert, welche eine Lichtstärke von 16 Kerzen besitzt.
Durch Ausschalten von Widerstand kann ich die Spannung
an den Enden der Lampe ganz langsam bis auf 110 Volt
steigern, und gleichzeitig kann man die Gröfse der Spannung und die Stärke des Stromes an den am Schaltbrett
montierten Mefsapparaten verfolgen. Im Normalzustande verbraucht die Lampe 45 Volt und 1,3 Amp, also $45 \times 1,3$
$= 58,5$ Watt, und gibt dafür 60 Kerzen. Jetzt verkleinere ich
allmählich den Ballastwiderstand, bis das Voltmeter 95 Volt
und das Amperemeter rund 3 Amp anzeigen. Man staunt
über die enorme Lichtfülle, welche von diesem unscheinbaren
Lämpchen ausgeht und einen grofsen Saal zu erhellen imstande ist. Wir wollen nun berechnen, wie viel Kerzen diese
überhitzte Glühlampe aussendet und welches der Preis pro
Kerze ist. Noch immer zeigt das Voltmeter 95 Volt und das
Amperemeter 3 Amp an, so dafs die Lampe $3 \times 95 = 285$ Watt,
also nahe fünfmal so viel elektrische Energie verbraucht als
im normalen Brennzustand, bei dem sie 16 Kerzen liefert.

Um die Kerzenzahl der überhitzten Lampe kennen zu
lernen, müfsten wir photometrieren. Wir wollen uns einer
eleganteren Methode bedienen, um zum Ziele zu gelangen,
und annehmen, die Lampe sei nahe am Zerspratzen angelangt.
Nach pyrometrischen Messungen von Holborn und Kurlbaum geschieht dies im Durchschnitt bei rund 3000° abs.
Unsere Messungen lehrten, dafs eine Glühlampe im Normalzustande eine Temperatur von rund 2000° abs. besitzt. Da
die Helligkeit proportional zur 12. Potenz mit der Temperatur
ansteigt, mufs also die überhitzte Glühlampe im Moment des
Zerspratzens pro Flächeneinheit rund $(^3/_2)^{12}$ mal oder 130 mal
mehr Licht aussenden als bei normaler Beanspruchung, so

dafs die Helligkeit der Lampe kurz vor dem Zerspratzen des Fadens 130×16, also 2080 Kerzen beträgt. Der Energiesteigerung von $1 : 5$ steht demnach eine Helligkeitsvermehrung von 1 auf 130 gegenüber oder eine Ökonomieerhöhung von 1 auf $^{130}/_5 = 26$. Kostet im Normalzustande die Kerze mittlerer räumlicher Lichtstärke 3,5 Watt, so jetzt nur noch:

$$\frac{3,5}{26} = 0,16 \text{ Watt}$$

oder kaum 0,65 Pf. Unsere Lampe liefert also jetzt von allen existierenden Lichtquellen das billigste Licht! Aber diese Ökonomie und abnorme Billigkeit ist teuer erkauft. Denn es dauert nicht mehr lange und der Glühfaden zerspratzt (Lampe erlischt). Wenn somit diese enorme Ökonomiesteigerung vorläufig auch noch von keinem praktischen Wert ist, so führt uns dies Experiment doch zu dem wichtigen Resultat, dafs es schon heute von gröfserem Nutzen ist, drei überhitzte Glühlampen von nur je 300 Stunden Brenndauer anzuwenden, als eine normal brennende Glühlampe von 1000 Brennstunden Lebensdauer. Und wir wissen ja alle, dafs man es in der Praxis auch schon ähnlich macht, insofern Lampen von 105 oder 100 Volt als 110 Voltlampen geliefert werden. Nur meine ich, dafs man dieses Verfahren zum Prinzip erheben und mit allen Kräften darauf lossteuern sollte, die Herstellung der gewöhnlichen Glühlampen zu verbessern und auch die Herstellungskosten noch mehr herabzumindern, um trotz Mehrbelastung infolge des grofsen Lampenverbrauches, dennoch durch eine mäfsige Überhitzung des Glühfadens und reichlichere Lichtentwickelung an Ökonomie zu gewinnen. Der gröfsere Konsum an Glühlampen von begrenzter Lebensdauer wird an sich schon zu einer Verbilligung der Lampen beitragen, und zielbewufste Versuche in genannter Richtung werden bald die jetzt fast verächtlich behandelte »gewöhnliche« Kohlefaden-Glühlampen zu neuem, schöneren Glanze erstehen lassen. Denn so bestechend und vielversprechend auch ihre »Kinder«, die Nernst- und Osmiumlampe, sind, an Ökonomie wird sie vorläufig wenigstens von beiden kaum um das Doppelte übertroffen; dafür aber hat sie noch immer den Vorzug der Einfachheit und leichteren Herstellung voraus!

Was die Nernstlampe betrifft, so möchte ich auf Grund unserer bisherigen Versuche die Vermutung aussprechen, daſs sie ihre gröſsere Ökonomie wohl hauptsächlich der erhöhten Temperatur des Glühfadens verdankt, den eventuell günstigeren Strahlungseigenschaften der Glühsubstanz aber erst in zweiter Linie. Falls nämlich unsere Hypothese zutrifft, daſs auch die in der Nernstlampe leuchtende Substanz zur Klasse: Platin — Schwarzer Körper gehört, denn nur in diesem Falle ist unsere Temperaturbestimmung der Nernstlampe von etwa 2300° richtig, so müſste die Helligkeit der Nernstlampe diejenige der gewöhnlichen Glühlampe von rund 2000° pro Flächeneinheit um das $\left(\dfrac{2300}{2000}\right)^{10}$ fache, d. h. um das vierfache übertreffen. Da sie in Wirklichkeit höchstens das Doppelte an Helligkeit liefert, so darf man wohl mit einigem Recht schlieſsen, daſs die Glühbedingungen bei ihr nicht so günstige sind wie bei dem sehr dünnen, im Vakuum strahlenden Kohlefaden.

Nach der Farbe des Osmiumlichtes zu urteilen, dürfte auch hier die Temperatur weit höher als die des Kohlefadens bei der gewöhnlichen Glühlampe sein. Messungen existieren hierüber noch nicht. Erst wenn die Temperatur des Osmiumfadens und die photometrische Helligkeit der Lampe genau bekannt sind, läſst sich etwas darüber aussagen, ob die Ökonomiesteigerung bei ihr mit der Temperatursteigerung Schritt hält oder nicht.

Die höchste (irdische) Temperatur ist bisher in der elektrischen Bogenlampe erreicht, welche durch die Verdampftemperatur der Kohle begrenzt ist. Diese enorme Temperatur von rund 4000° abs. ist auch die Ursache dafür, daſs trotz des bedeutenden Energieverlustes bei der Herstellung der elektrischen Heizkraft das Licht der Bogenlampe mit an erster Stelle der photometrisch-ökonomischen Reihe steht. Ob die Kohle später einmal durch idealere Strahlungskörper ersetzt werden kann, muſs die Zukunft lehren.

Ein erster Schritt, wenn auch auf ganz anderem Wege, ist, wie erwähnt, neuerdings getan worden, um den Effekt und die

Okonomie der Bogenlampe zu erhöhen. Durch Einführung geeigneter Salze in den Flammenbogen ist tatsächlich ein technischer Fortschritt erzielt in dem Sinne, günstigere und idealere Leuchtstoffe zum Leuchten zu bringen. Diese im Flammenbogen zu enormer Temperatur erhitzten Dämpfe von Fluorcalcium, von Lithium-, Strontium- und anderen Salzen senden nämlich kein kontinuierliches Spektrum aus, sondern emittieren hauptsächlich farbige Lichter. Mit Hilfe eines kleinen Spektroskops kann man sich leicht davon überzeugen, dafs das Spektrum der diesen Saal blendend erhellenden »Effekt-Bogenlampen« der Firma Siemens & Halske A.-G. von aufserordentlich hellen, lichtstarken Spektrallinien durchzogen ist. Diese rühren von den im Flammenbogen glühenden Salzen her, mit denen die Kohlen der Bogenlampen getränkt sind. Wir nähern uns hier dem Leuchten der Geifslerschen Röhre, bei welchen Dämpfe und Gase im verdünnten Zustand infolge Elektrolumineszenz zur Lichtemission erregt werden. Diese neuesten Bogenlampen stellen somit gleichsam das Bindeglied her zwischen der reinen Temperaturstrahlung und dem Leuchten der farbigen Dämpfe infolge Lumineszenz. Bei ihnen sind Temperaturstrahlung und Lumineszenz friedlich zu vereinter Wirkung gepaart, wenn auch die Strahlung der festen Elektroden infolge sehr hoher Temperatur die Leuchtwirkung an erster Stelle bedingen.

Beim Quecksilberlicht in den Quecksilberbogenlampen scheint, wie aus mehrfachen Gründen folgt, die Temperaturstrahlung sogar ganz ausgeschlossen. Damit wären wir tatsächlich bei der »Lumineszenzlampe«, dem Leuchten der Geifslerschen Röhren, des Leuchtkäfers u. s. w. angelangt und zwar in einer technisch verwertbaren, weil ökonomischen Form.

30. Schlufs. Ich komme zum Schlufs meiner Ausführungen. Unsere Strahlungsmessungen lehren, dafs auf dem Gebiete der praktischen und speziell der elektrotechnischen Beleuchtungskunst wenigstens theoretisch noch viel zu leisten möglich ist. Ob die Natur freilich feuerbeständige Substanzen von »idealer« Strahlungseigenschaft besitzt, das ist eine Frage, die nur durch das Experiment zu entscheiden ist. Aber nur umfangreiche

und ganz systematisch unternommene Versuche können ergeben, ob es je gelingen wird, die beiden aufgestellten Ziele
der Leuchttechnik zu erreichen. Wenn man aber nach feuer-
festen Substanzen suchen will, welche höher temperiert
werden können als die Kohle in den Bogenlampen, so darf
man nicht mit der Temperatur über diejenige der Sonne
hinausgehen.

Wie wir gesehen haben, liegt bei der Sonne das Energiemaximum innerhalb des sichtbaren Spektrums und zwar
im gelbgrünen Teile, also gerade da, wo unser Auge am empfindlichsten ist. Nach unserer Gleichung

$$\lambda_m \, T = \text{const.}$$

entspricht diese Lage des Energiemaximums einer Temperatur
von rund 6000⁰. Sobald also die Temperatur eines Körpers
über 6000⁰ hinausgeht, wandert sein Energiemaximum mehr
und mehr nach dem Violett des Spektrums, wo unser Auge
unempfindlicher ist, und gelangt bei 7400⁰ schließlich ins Ultra-
violett, wo wir gar nichts sehen.

Es dürfte wohl kaum einem Zufall zuzuschreiben sein,
daß die Sonnentemperatur gerade die für die Beschaffenheit
unseres Auges günstigste ist; vielmehr deutet dieses Zusammen-
treffen darauf hin, daß umgekehrt unser Auge im Laufe der
Jahrmillionen im Spektrum da am empfindlichsten gegen
Helligkeitseindrücke geworden ist, wo die Sonne, der Urquell
alles Seins, ihre größte Energie aussendet. So sehen wir auch
hier, daß sich unser Organismus seiner Umgebung so gut an-
gepaßt hat, als es nur irgend möglich war. Darum müssen
wir uns bescheiden und mit einer Temperatur von 6000⁰ be-
gnügen! Mindestens möchte ich glauben, daß ein Streben
nach höheren Temperaturgraden künstlicher Leuchtquellen als
Sport anzusehen wäre, während die Erreichung der Sonnentemperatur recht wohl eins der Ziele der Leuchttechnik bilden
muß. Erst wenn wir dies hohe Ziel erreicht haben, werden wir
imstande sein, selbst mit der Sonne zu konkurrieren und die
dunklen Nächte oder die trüben Wintertage auf künstliche
Weise durch eigene Kraft tageshell in des Wortes wahrster
Bedeutung zu erhellen!